Stefan Beck

Bewegungssimulation ebener Getriebe mit Ch Mechanism Toolkit 2.0

GRIN Verlag

Bibliografische Information der Deutschen Nationalbibliothek:

Die Deutsche Bibliothek verzeichnet diese Publikation in der Deutschen Nationalbibliografie; detaillierte bibliografische Daten sind im Internet über http://dnb.d-nb.de/ abrufbar.

Impressum:

Druck und Bindung: Books on Demand GmbH, Norderstedt Germany
ISBN: 978-3-656-60854-7

Dieses Buch bei GRIN:

http://www.grin.com/de/e-book/269754/bewegungssimulation-ebener-getriebe-mit-ch-mechanism-toolkit-2-0

Bergische Universität Wuppertal
Fachbereich D
Maschinenbau
Maschinenbau-Informatik

Hauptstudienarbeit

Thema: **Bewegungssimulation ebener Getriebe mit Ch Mechanism Toolkit 2.0**

Name: **Stefan Beck**

Datum: **30.01.2008**

Inhalt

Einführung

Das Ch Mechanism Toolkit wurde zur Analyse und Konstruktion von Getrieben entwickelt. Das Toolkit ist ein Package für Ch Professional, ein eingebetteter C/C++ Interpreter mit hochentwickelten Erweiterungen. Das Toolkit besteht aus dem Animationsprogramm QuickAnimation™ und einer Sammlung von Klassen zur Konstruktion und Analyse von allgemein benutzten Getrieben. Das Ch Mechanism Toolkit erlaubt Benutzern das schreiben einfacher Programme zum lösen komplizierter ebener Getriebeprobleme. Das Toolkit kann Koppelgetriebe handhaben vom einfachen Viergelenk bis zu verschiedenen Sechsgelenken. Es kann ebenso benutzt werden um Nockenfolgesysteme zu konstruieren. Diese Hauptstudienarbeit beschreibt die Installation, den Umgang und das eigene Erstellen eines Getriebes mit Animation mit dem Ch Mechanism Toolkit.

Installation von Ch

Das Ch Mechanism Toolkit und Ch Professional sind auf der Herstellerseite für akademische Zwecke kostenlos verfügbar.

Auf der Seite www.softintegration.com folgt man dem Link „Download". Im Softintegration Download Center klickt man auf „Download now!". Es ist eine kurze Registrierung notwendig. In einer Bestätigungsemail erhält man ein Passwort. Dieses Passwort bildet den Zugang zum Softintegration Download Center. Dort wählt man bei „Select products for download" „Ch Professional Edition 5.5" und unter „Select platforms" das Betriebssystem. Diese Hauptstudienarbeit wurde mit Ch für Windows XP erstellt und auch nur für dieses System nachfolgend die Installationen erläutert.

Nachdem Download von Ch Professional, wiederholt man die vorhergehenden Schritte zum Download von „Ch Mechanism Toolkit Evaluation Edition 2.0".

Zuerst muss Ch Professional installiert werden. Dazu einfach die gespeicherte Exe-Datei starten und den Anweisungen folgen. Führen Sie die Anweisungen des Installationsprogrammes durch, ohne die vorgeschlagenen Einstellungen zu verändern, so ist gewährleistet das die nachfolgend gemachten Angaben auch Ihrer Installation entsprechen.

Nach erfolgreicher Installation von Ch Professional verfährt man ebenso mit der Exe-Datei des Ch Mechanism Toolkit.

Während der Erstellung dieser Hauptstudienarbeit kam es mehrfach zu der Meldung, dass die Lizenzen abgelaufen sind. Dies stellt kein großes Problem dar. Mit den heruntergeladenen Exe-Dateien können die Programme einfach über die bestehende Installation erneut installiert werden und die Lizenzen beginnen von Neuem. Sollten die Exe-Dateien nicht mehr verfügbar sein, können sie mit den Zugangsdaten aus der Registrierungsemail einfach erneut heruntergeladen werden. Also: Zugangsdaten gut aufbewahren!

Auch wenn nicht unbedingt notwendig, so ist es doch hilfreich sich den passenden Editor zu Ch zu installieren. ChSciTE ist eine integrierte Entwicklungsumgebung. Sie ermöglicht das Bearbeiten und

Ausführen von C / Ch / C++-Programmen und zeigt die Ausgabe in der gleichen grafischen Benutzer Oberfläche. Außerdem kann es Tex, SQL, XML, CSS und noch ein paar Sachen mehr.

Das Programm findet man unter http://chscite.sourceforge.net/ChSciTEDoc.html

Die Installation ist die gleiche wie bei Ch selbst. Einfach Exe-Datei starten und den Anweisungen folgen.

Auf dieser Seite findet man unter "languages" die deutschen Menüs zum Editor. Fahren Sie mit der Maus über die gewünschte Sprache, klicken Sie die rechte Maustaste, wählen Sie „Ziel speichern unter" und speichern Sie diese Datei auf Ihre Festplatte.

Wenn Sie nichts an den Installationseinstellungen verändert haben, finden Sie ChSciTE im Verzeichnis „C:\Programme\ChSciTE". Dort gibt es die Datei „locale.properties". Diese Datei hat keine weitere Endung. Die von der Webseite gespeicherte Datei heißt so ähnlich, z. B. „locale.de.properties". „de" ist die Länderkennung. Benennen Sie die Originaldatei um in locale.orig.properties. Löschen Sie diese Datei nicht, vielleicht braucht man sie später noch einmal. Die Datei „locale.de.properties" kopieren sie nun mit in dieses Verzeichnis und benennen sie in „locale.properties" um. Wenn Sie jetzt den Editor öffnen, sind alle Menüs in Deutsch.

Einführung in Ch

Um ein effektives Arbeiten mit Ch schnell und einfach zu erreichen, empfiehlt sich das Durcharbeiten der Datei „gettingstartet.pdf".

Wer den ChSciTE installiert hat, findet diese Datei unter:

C:\Programme\ChSciTE\doc\Documentation.html

Sie ist aber auch auf www.softintegration.com unter Support – Documentation – Getting started with Ch zu finden oder direkt unter http://www.softintegration.com/docs/ch/gettingstartch.pdf

Weitere Dokumentationen zu Ch sind der Chguide unter
http://www.softintegration.com/download/software/release/docs/chguide.pdf
bzw. auch im Verzeichnis C:\Ch\docs und der Reference Guide zu Ch unter
http://www.softintegration.com/download/software/release/docs/chref.pdf
bzw. im Verzeichnis C:\Ch\docs.

Wer bereits „umfassende" Kenntnisse in einer anderen Programmiersprache hat und nur wegen der Möglichkeit der Animation zu Ch wechseln möchte, der sollte unter dem Punkt „Ch Mechanism Toolkit" weiter lesen!

Probleme mit Ch

Es wird vielfach die Einfachheit im Umgang mit Ch vom Hersteller beworben. Eine Grafik auf der HerstellerHomepage verdeutlicht das C voll und C++ zu weiten Teilen integriert ist. Die Einhaltung diverser Standards wird zitiert. Es sei an dieser Stelle auf eine Problematik hingewiesen, die sicher jedem der nicht ohne Vorkenntnisse von C und C++ mit Ch arbeitet, aber auch denen die sich tiefer mit der Programmierung auseinandersetzen werden, früher oder später treffen wird.

```
#include <stdio.h>
#include <stdlib.h>
/* 04 */
/* 05 */ main ()
/* 06 */ {
/* 07 */ int ergebnis,zahl, basis;
/* 08 */ char puffer[80], eingabe[80];
/* 09 */
/* 10 */ printf("\nBitte eine Ganzzahl eingeben: ");
/* 11 */ gets(eingabe);
/* 12 */ ergebnis=atoi(eingabe);
/* 13 */ printf("Der Wert ist %i\n", ergebnis);
/* 14 */
/* 15 */ printf("\nBitte eine Ganzzahl eingeben; ");
/* 16 */ scanf("%i", &zahl);
/* 17 */ printf("Basis 2-32: ");
/* 18 */ scanf("%i", &basis);
/* 19 */ itoa(zahl,puffer,basis);
/* 20 */ printf("Der String lautet %s\n",puffer);
/* 21 */ }
```

Dieses Programm wandelt einen String in eine Zahl und eine Zahl in einen String um. Mit dem kostenlosen Compiler „Dev C++“ läuft es fehlerfrei. Unter Ch läuft es nicht. Es ist kein von mir geschriebenes Programm, sondern aus einem Buch zur Einführung in die Programmierung mit C. So etwas lässt jeden Programmierer – den Neuling wie den Fortgeschrittenen - an sich selbst zweifeln und lange nach einem nicht vorhandenen Fehler suchen.

Lassen Sie sich nicht von diesem Beispiel entmutigen. Ch bietet seine Vorzüge! Für das oben aufgeführte Beispiel wurde eben eine andere Lösung entwickelt, da es zwingend notwendig war mit Ch zu arbeiten.

Einführung zum Ch Mechanism Toolkit

Das Ch Mechanism Toolkit ist ein Package zu Ch. Es bietet die Möglichkeit zur Analyse und Konstruktion von Getrieben. Das Toolkit besteht aus dem Animationsprogramm QuickAnimation™ und einer Sammlung von Klassen zur Konstruktion und Analyse von allgemein benutzten Getrieben. Das CH Mechanism Toolkit erlaubt Benutzern das Schreiben einfacher Programme zum lösen komplizierter ebener Getriebeprobleme. Das Toolkit bringt für eine Vielzahl vorgefertigter Klassen zur Handhabung von Koppelgetrieben mit.

Auf www.softintegration.com können diese Klassen als webbasierte Anwendung auch ohne Programmierung genutzt werden. Unter „Web-Based Computing" „Mechanism Design and Analysis" ist der volle Umfang der standardmäßig lösbaren Getriebeprobleme auch online verfügbar. Eine Zeichnung und kurze Erläuterung verdeutlicht, welche Parameter notwendig sind, um zum gewünschten Ergebnis zu kommen. Die webbasierte Analyse funktioniert jedoch nur, wenn auf dem eigenen Rechner das Ch Mechanism Toolkit installiert ist.

Mit den Webanwendungen lassen sich auch die eigenen Programme überprüfen. Mehr über „Web-Based Interactive Analysis and Animation of Mechanisms" finden Sie unter http://iel.ucdavis.edu/publication/2006/ASMEJCISE.pdf

Mit der Veröffentlichung „Object-Oriented Interactive Mechanism Design and Analysis" von Harry H. Cheng und Dung T. Trang habe ich den Einstieg zum Ch Mechanism Toolkit gefunden. Auch wenn im wissenschaftliche Bereich Englischkenntnisse eigentlich unabdingbar sind, soll meine Übersetzung dieses Artikels bei der Arbeit unterstützen und ist im Anhang dieser Arbeit zu finden. Die Original-PDF finden Sie unter http://iel.ucdavis.edu/publication/2006/EC.pdf bzw. im Doku-Bereich von www.Softintegration.com

Einen schnellen Einstieg in die Programmierung mit dem Ch Mechanism Toolkit gibt „Getting Started with Ch Mechanism Toolkit" auf der Herstellerhomepage im bereits benannten Bereich der Dokumentationen.

Ch Mechanism Toolkit

Eine umfassende Dokumentation zu den Möglichkeiten und Handhabung des Ch Mechanism Toolkit finden Sie unter http://www.softintegration.com/download/software/release/docs/chmechanism.pdf bzw. im Verzeichnis C:\Ch\Docs.

Auf der Seite www.softintegration.com gibt es unter „Products" den Link „Third Party Solutions and User Contributed Code". Hier findet man unter „Mechanism Design and Analysis" Links zu umgesetzten Lösungen zu Getriebeproblemen von Dritten.

Diese Links verdeutlichen die Möglichkeiten des Ch Mechanism Toolkit. Auch Getriebeprobleme für die das Ch Mechanism Toolkit keine eigene Klasse parat hält, können Programme und Animationen entwickelt werden.

Getriebeprobleme rund um ein Viergelenk zum Beispiel werden in Ch mit der Datei fourbar.h gelöst. Ruft man die Datei fourbar.h auf, so sieht man nicht viel. Eine der letzten Zeilen verweist auf die Datei CFourbar.chf. In dieser Datei sind die verschiedensten Funktionen rund um das Viergelenk enthalten. In dieser Datei findet man die Funktion m_drawAnimation. Mittels dieser Funktion werden die Animationsdateien erstellt.

Das Kapitel 7 der Datei chmechanism.pdf beschreibt den Aufbau einer Animationsdatei. Meine Übersetzung dieses Kapitels finden Sie im Anhang. QuickAnimation stellt quasi eine eigene Sprache dar, die in eine Datei mit Endung qnm geschrieben wird und nach dem öffnen mit jedem beliebigen Editor klar zu lesen ist. Das Programm QuickAnimation vermag es die Daten dieser Datei als Animation abzuspielen.

Im Prinzip ist das lösen jedes Getriebeproblems und die Animation eines solchen Getriebes einfach, wenn man mal verstanden hat wie es funktioniert. Es werden die notwendigen Berechnungen zu dem zu lösenden Getriebe programmiert. Entweder man entwickelt die Algorithmen selbst, bzw. entnimmt sie der Fachliteratur oder nutzt die Möglichkeiten von Ch z. B. durch Kombination der bereits bestehenden Möglichkeiten. Die Ergebnisse müssen Koordinaten sein, die dann den entsprechenden Grundelementen von QuickAnimation zugeordnet werden und das gewünschte Aussehen bilden.

Wenn keine Algorithmen von Ch zur Gewinnung der Koordinaten benötigt werden, dann kann diese Animationsdatei quasi mit jeder Programmiersprache, die in der Lage ist eine Datei zu erstellen, erstellt werden. Schon mit der Programmiersprache Basic ist das auf einfache Art und Weise möglich. Egal ob mit Perl oder Python, sogar „von Hand" kann man diese Animationsdateien erstellen. QuickAnimation ist Bestandteil des Ch Mechanism Toolkit und das ist ein Package für CH Professional. Die Erstellung von Animationen wird an dieser Stelle jedoch auch für Nutzer anderer Programmiersprachen möglich. Sie müssen nur die „Sprache" QuickAnimation hinzulernen.

QuickAnimation

Um die Möglichkeiten von QuickAnimation genauer austesten zu können, wurden ein paar kleinere Animationen von Hand geschrieben. Es zeigte sich das manche Optionen unter Windows ohne Wirkung sind, das Animationen aufgrund von Fehlern nicht gestartet werden können und der optische Eindruck bei einer falschen Reihenfolge vom gewünschten Ergebnis abweichen können. Ebenso ist die Schreibweise für die Geschwindigkeit des Bildaufbaus wichtig. Wenn jeder Frame in nur einer Zeile steht, erfolgt der Bildaufbau schneller, als wenn die Grundelemente übersichtlich in mehrere Zeilen geschrieben werden.

Blaulicht.qnm

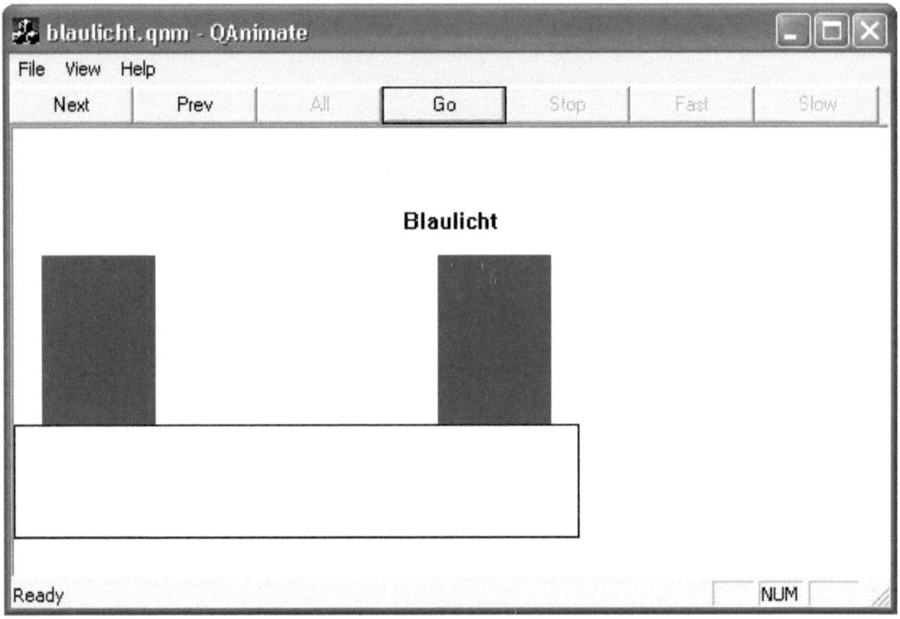


```
#qanimate
title "Blaulicht"

fixture
rectangle 10 10 100 20

animate restart

rectangle 15 30 20 30 pen blue fill blue
rectangle 85 30 20 30 pen blue fill blue
```

Das Blaulicht ist eine einfache Animation. Sie zeigt eindrucksvoll was schon mit einem einfachen Rechteck dargestellt werden kann. Das weiße Rechteck wird nicht animiert. Es ist fixiert. Das Blinken entsteht lediglich durch das abwechselnde Einblenden von zwei blauen Rechtecken.

Point.qnm

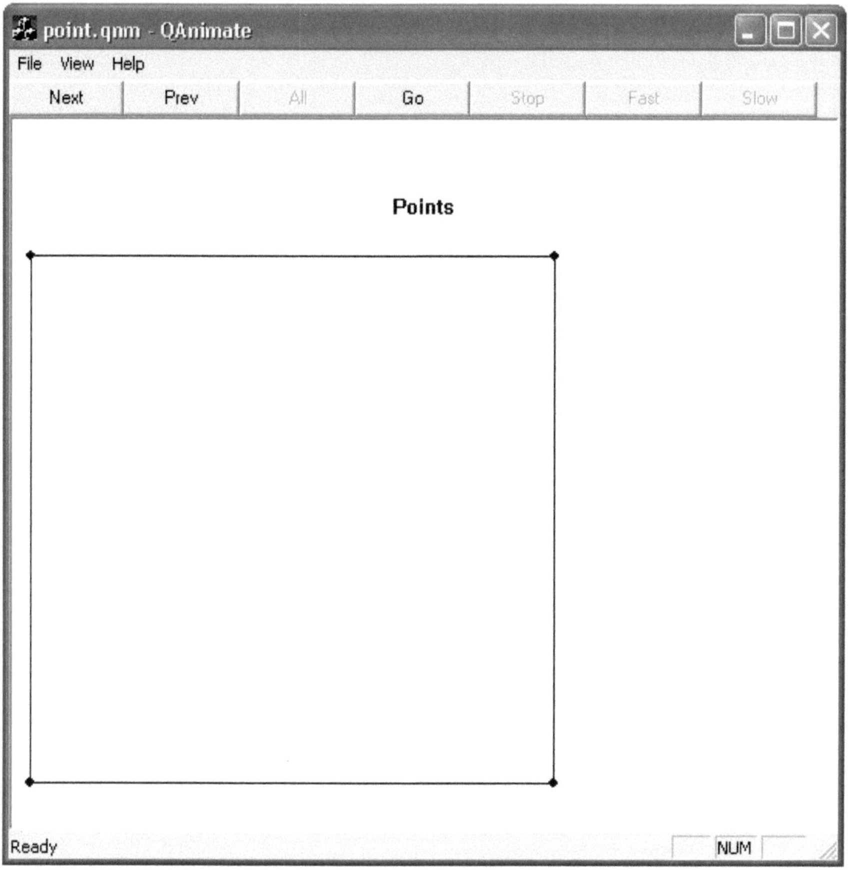


```
#kommentar
title "Points"

fixture
#no fixture

animate

point trace 1 1
point trace 1 2
point trace 2 2
point trace 2 1
```

Die Animation zeigt die Möglichkeiten von point. Die Spurverfolgung trace funktioniert nur, wenn die richtige Reihenfolge eingehalten wird und die Spur ohne Unterbrechung fortgesetzt werden kann.

Pacman.qnm

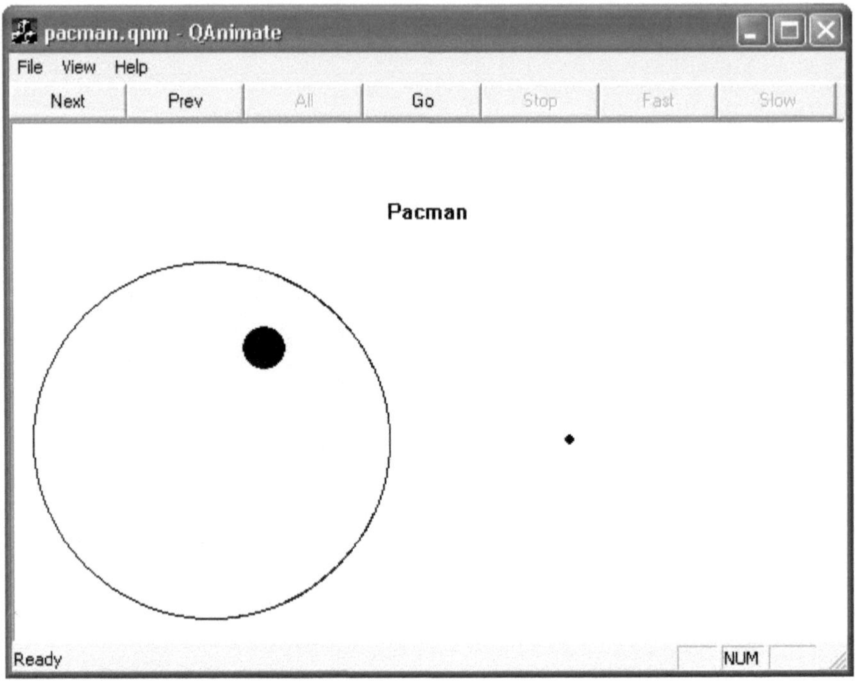


```
#qanimate animation data

title "Pacman"

fixture
#no fixture

animate restart

circle 15.75 16.3 0.3 fill black \
arc 15 15 5 5 30 300 fill yellow \
point 20 15
circle 15.75 16.3 0.3 fill black \
arc 15 15 5 5 22.75 315 fill yellow \
point 17 15
circle 15.75 16.3 0.3 fill black \
arc 15 15 5 5 15 330 fill yellow \
point 15.75 15
circle 15.75 16.3 0.3 fill black \
arc 15 15 5 5 0 360 fill yellow
```

Der Pacman frisst einen Punkt nach dem anderen. Vertauscht man die Elemente, wird das Auge zwar gezeichnet, aber direkt wieder durch den gelben Kreis verdeckt. Wenn die Inhalte der Frames direkt hintereinander geschrieben werden, wird das Bild schneller aufgebaut.

Scheibenwischer

Im Rahmen der Hauptstudienarbeit sollte ein Mechanismus mit Ch umgesetzt werden, der vorher noch nicht Bestandteil des Ch Mechanism Toolkit war. Als Mechanismus wurde ein Scheibenwischer gewählt, da er quasi die Kopplung von zwei Viergelenken darstellt.

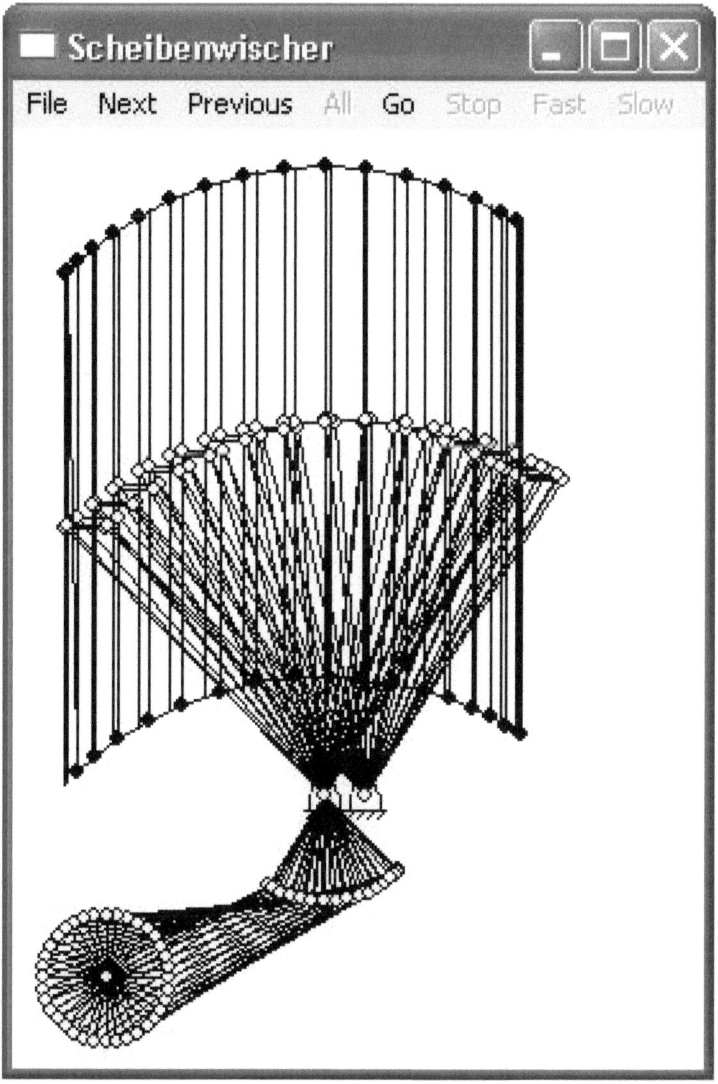

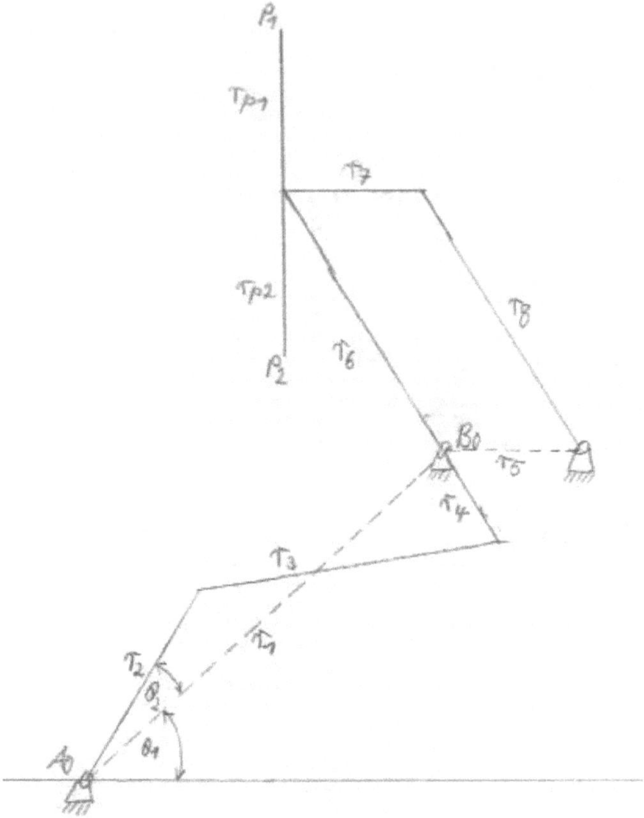

Scheibenwischer mit den im Programm verwendeten Bezeichnungen

```
/*
scheibenwischer.ch
von Stefan Beck
*/

#include <stdio.h>
#include <math.h>
#include <complex.h>

// Makro Grad2Rad
#define deg2rad(a) ((a)*M_PI/180.0)
// Makro Rad2Grad
#define rad2deg(a) ((a)*180.0/M_PI)

int main() {

    int n1 = 2, n2 = 4;

    // Feld für die Koordinaten der Glieder
    double complex R[1:6];

    // Schrittweite Abk. sw
    double sw = deg2rad(10.0);
    /* durch die Schrittweite wird auch
    die Startgeschwindigkeit der
    Animation beeinflußt */

    // Daten des ersten Viergelenk
    double theta1 = deg2rad(40.0), // 40
           r1 = 560,           //560
           r2 = 124,           //124
           r3 = 490,           //490
           r4 = 210;           //210
    double theta2,theta3,theta4,theta3_2,theta4_2;
    double complex z;

    // Daten des zweiten Viergelenk
    double theta5 = deg2rad(0),   //0 Diesen Wert nicht verändern!
           r5 = 80,   //80
           r6 = 730,   //730
           r7 = r5,
           r8 = r6,
           rp1 = 450,   //500
           beta1 = deg2rad(90),   //90 Diesen Wert nicht verändern!
           rp2 = 450,   //500
           beta2 = deg2rad(270);   //270 Diesen Wert nicht verändern!
    double theta6,theta7,theta8,theta7_2,theta8_2;
    double complex c;
    double complex P1, P2; // Koppelpunkte



    double StreckeA0B0, x1, x2, x3, f1, f2, f3;
    double min, max;


    /* Überprüfung des ersten Viergelenk,
    ob Kurbelschwinge vorliegt */
    StreckeA0B0=r1;
    x1=r2/StreckeA0B0;
    x2=r3/StreckeA0B0;
    x3=r4/StreckeA0B0;
```

```
f1=x1+x2-x3-1;
f2=x1-x2+x3-1;
f3=-x1+x2+x3-1;

printf("StreckeA0B0 = %f\n", StreckeA0B0);
printf("x1 = %f\n", x1);
printf("x2 = %f\n", x2);
printf("x3 = %f\n", x3);

printf("f1 = %f, soll < 0\n", f1);
printf("f2 = %f, soll < 0\n", f2);
printf("f3 = %f, soll > 0\n", f3);

if ((f1<0 && f2<0 && f3>0) && (r2<r1 && r2<r3 && r2<r4)) {
       printf("Daten der Kurbelschwinge ok!\n"); }
else { printf("Daten der Kurbelschwinge leider nicht ok!\n");
       printf("Die Animation läuft nicht!\n"); }


FILE *out[2];

// öffnet scheibenwischer.qnm
out[0] = fopen("scheibenwischer.qnm","w");
// öffnet wischerfeld.csv
out[1] = fopen("wischerfeld.csv","w");

// polar aus complex.h berechntet
// x und y Koordinate für 2.Fixpunkt
R[1] = polar(r1,theta1);


/* Kopf der CSV-Datei schreiben */
fprintf(out[1],"P1x;P1y;P2x;P2y \n");


/* Kopf der Animationsdateien schreiben */
fprintf(out[0],"#qanimate animation data\n");
fprintf(out[0],"title Scheibenwischer\n");
fprintf(out[0],"fixture\n");



// real=x-Koordinate, imag=y-Koordinate
fprintf(out[0],"groundpin 0 0 %g %g %g %g\n",
        real(R[1]), imag(R[1]),
        real(R[1])+r5, imag(R[1]));
fprintf(out[0],"animate restart\n");


/* Animationsdaten für einen Umlauf erstellen */

for (theta2=0.0; theta2<deg2rad(360.0-sw); theta2+=sw)
   {

    R[2] = polar(r2,theta2);

    z = polar(r1,theta1) - polar(r2,theta2);
    complexsolve(n1,n2,r3,-r4,z,theta3,theta4, theta3_2, theta4_2);

    c = polar(r1,theta1) - polar(r2,theta2);
    complexsolve(n1,n2,r7,-r8,c,theta7,theta8, theta7_2, theta8_2);

    R[3] = R[2] + polar(r3,theta3_2);
    R[4] = R[1] + polar(-r6,theta4_2);
    P1 = R[4] + polar(rp1,beta1);
    P2 = R[4] + polar(rp2,beta2);
```

```
        fprintf(out[0],"link 0 0 %f %f %f %f %f %f \\\n",
                real(R[2]), imag(R[2]),
                real(R[3]), imag(R[3]),
                real(R[1]), imag(R[1]) );
        fprintf(out[0],"line %f %f %f %f \\\n",
                real(R[4]), imag(R[4]),
                real(P1), imag(P1) );
        fprintf(out[0],"line %f %f %f %f \\\n",
                real(R[4]), imag(R[4]),
                real(P2), imag(P2) );
        fprintf(out[0],"link %f %f %f %f %f %f %f %f \\\n",
                real(R[1]), imag(R[1]),
                real(R[4]), imag(R[4]), // Glied r6
                real(R[4])+r7, imag(R[4]), // Glied r7
                real(R[1]+r7), imag(R[1]) ); // Glied r8
        if (theta2==deg2rad(0.0)) max=real(P1);
        if (theta2==deg2rad(0.0)) min=real(P1);
        if (real(P1)<=min || real(P1)<max) {
            fprintf(out[0],"point trace %f %f \\\n",
            real(P1), imag(P1)); min=real(P1); }
        if (real(P1)>min && real(P1)>=max)  {
            fprintf(out[0],"point trace %f %f \\\n",
            real(P2), imag(P2)); max=real(P1); }
        fprintf(out[1],"'%f;'%f;'%f;'%f \n",
                real(P1),imag(P1),real(P2),imag(P2));
        fprintf(out[0],"\n");
    }

    fclose(out[0]);
    fclose(out[1]);

    qanimate scheibenwischer.qnm

}
```

Das Programm erstellt zwei Dateien. Als Erstes die Animationsdatei Scheibenwischer.qnm und als Zweites die Datei Wischerfeld.csv. Die Datei Scheibenwischer.qnm wird durch den Befehl qanimate automatisch geöffnet. Die Datei Wischerfeld.csv kann z. B. in Excel weiter bearbeitet werden.

Scheibenwischer.qnm

```
#qanimate animation data
title Scheibenwischer
fixture
groundpin 0 0 428.985 359.961 508.985 359.961
animate restart
link 0 0 124.000000 0.000000 569.543808 203.938018 428.984888 359.961061 \
line -59.624690 902.326879 -59.624690 1402.326879 \
line -59.624690 902.326879 -59.624690 402.326879 \
link 428.984888 359.961061 -59.624690 902.326879 20.375310 902.326879 508.984888 359.961061 \
point trace -59.624690 1402.326879 \

link 0 0 122.116161 21.532374 574.873917 208.910106 428.984888 359.961061 \
line -78.153166 885.042954 -78.153166 1385.042954 \
line -78.153166 885.042954 -78.153166 385.042954 \
link 428.984888 359.961061 -78.153166 885.042954 1.846834 885.042954 508.984888 359.961061 \
point trace -78.153166 1385.042954 \
.
.
.
```

```
P1x;P1y;P2x;P2y
'-59.624690;'1402.326879;'-59.624690;'402.326879
'-78.153166;'1385.042954;'-78.153166;'385.042954
'-84.546189;'1378.792279;'-84.546189;'378.792279
'-78.077699;'1385.115832;'-78.077699;'385.115832
'-58.035775;'1403.754105;'-58.035775;'403.754105
'-24.108371;'1432.330259;'-24.108371;'432.330259
'23.095534;'1466.717876;'23.095534;'466.717876
'81.732736;'1502.079386;'81.732736;'502.079386
'148.889602;'1534.087630;'148.889602;'534.087630
'221.149324;'1559.749871;'221.149324;'559.749871
'295.236231;'1577.603937;'295.236231;'577.603937
'368.456475;'1587.447358;'368.456475;'587.447358
'438.855862;'1589.894321;'438.855862;'589.894321
'505.164472;'1585.975298;'505.164472;'585.975298
'566.634450;'1576.865935;'566.634450;'576.865935
'622.847954;'1563.748751;'622.847954;'563.748751
'673.528460;'1547.782580;'673.528460;'547.782580
'718.352569;'1530.159797;'718.352569;'530.159797
'756.731410;'1512.251041;'756.731410;'512.251041
'787.508263;'1495.854913;'787.508263;'495.854913
'808.533445;'1483.533746;'808.533445;'483.533746
'816.296055;'1478.742170;'816.296055;'478.742170
'806.488491;'1484.773858;'806.488491;'484.773858
'776.497669;'1501.938372;'776.497669;'501.938372
'727.685655;'1526.052535;'727.685655;'526.052535
'664.235226;'1551.016254;'664.235226;'551.016254
'590.728503;'1571.817088;'590.728503;'571.817088
'511.126308;'1585.324961;'511.126308;'585.324961
'428.744203;'1589.961022;'428.744203;'589.961022
'346.422057;'1585.277116;'346.422057;'585.277116
'266.637381;'1571.679606;'266.637381;'571.679606
'191.550313;'1550.268835;'191.550313;'550.268835
'123.009641;'1522.742434;'123.009641;'522.742434
'62.546110;'1491.326741;'62.546110;'491.326741
'11.373562;'1458.710408;'11.373562;'458.710408
'-29.584100;'1427.952684;'-29.584100;'427.952684
```

Wischerfeld.csv

Ch und Excel

Das Programm Scheibenwicher.ch erzeugt eine Datei wischerfeld.csv. CSV ist ein Dateiformat, das eine einfache Übernahme von Daten zu Excel ermöglicht. Die Daten werden lediglich durch Semikolon voneinander getrennt.

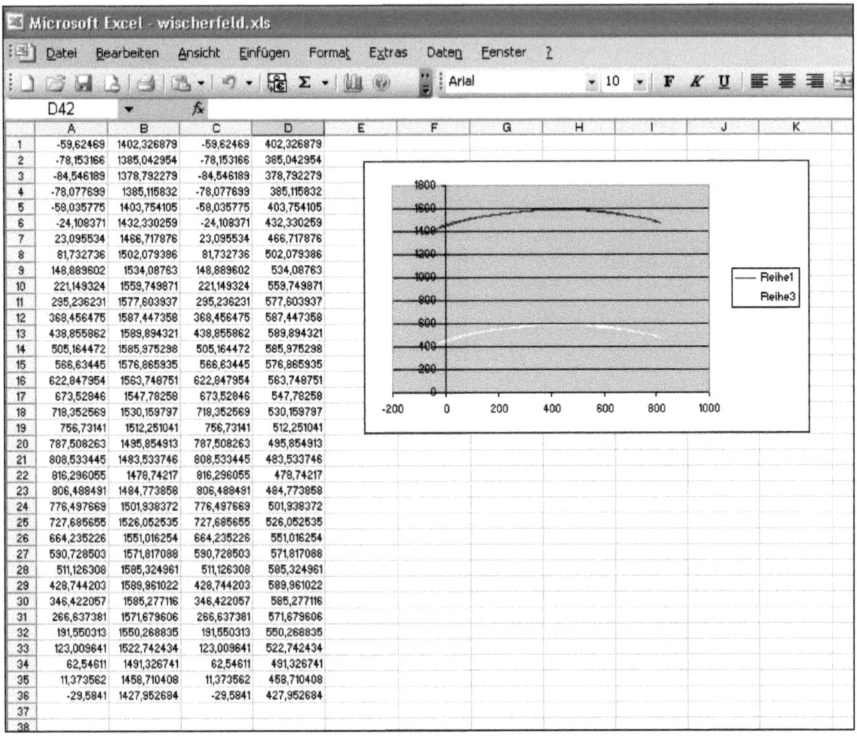

	A	B	C	D
1	-59,62469	1402,326879	-59,62469	402,326879
2	-78,153166	1385,042954	-78,153166	385,042954
3	-84,546189	1378,792279	-84,546189	378,792279
4	-78,077699	1385,115832	-78,077699	385,115832
5	-58,035775	1403,754105	-58,035775	403,754105
6	-24,108371	1432,330259	-24,108371	432,330259
7	23,095534	1466,717876	23,095534	466,717876
8	81,732736	1502,079386	81,732736	502,079386
9	148,889602	1534,08763	148,889602	534,08763
10	221,149324	1559,749871	221,149324	559,749871
11	295,236231	1577,603937	295,236231	577,603937
12	368,456475	1587,447358	368,456475	587,447358
13	438,855862	1589,894321	438,855862	589,894321
14	505,164472	1585,975298	505,164472	585,975298
15	566,63445	1576,865935	566,63445	576,865935
16	622,847954	1563,748751	622,847954	563,748751
17	673,52846	1547,78258	673,52846	547,78258
18	718,352569	1530,159797	718,352569	530,159797
19	756,73141	1512,251041	756,73141	512,251041
20	787,508263	1495,854913	787,508263	495,854913
21	808,533445	1483,533746	808,533445	483,533746
22	816,296055	1478,74217	816,296055	478,74217
23	806,488491	1484,773858	806,488491	484,773858
24	776,497669	1501,938372	776,497669	501,938372
25	727,685655	1526,052535	727,685655	526,052535
26	664,235226	1551,016254	664,235226	551,016254
27	590,728503	1571,817088	590,728503	571,817088
28	511,126308	1585,324961	511,126308	585,324961
29	428,744203	1589,961022	428,744203	589,961022
30	346,422057	1585,277116	346,422057	585,277116
31	266,637381	1571,679606	266,637381	571,679606
32	191,550313	1550,268835	191,550313	550,268835
33	123,009641	1522,742434	123,009641	522,742434
34	62,54611	1491,326741	62,54611	491,326741
35	11,373562	1458,710408	11,373562	458,710408
36	-29,5841	1427,952684	-29,5841	427,952684
37				
38				

Die von Ch berechneten Koordinaten sind Dezimalzahlen, die statt eines Kommas einen Punkt haben. Excel sieht diesen Punkt leider nicht als Dezimaltrennzeichen, sondern als 1000er-Trennzeichen an. Deshalb müssen die Daten ein wenig von Hand modifiziert werden. Zuerst wäre das Hochkomma, das direkt in der Datei vor jeder Koordinate steht, damit Excel die Daten zunächst als Text und nicht als Zahl erkennt. So wird der Punkt nicht automatisch als Trennzeichen erkannt und das Zahlenmaterial nicht verfälscht.

Nach dem Laden der CSV-Datei in Excel werden alle Zahlen markiert, dann auf Bearbeiten/Suchen wird der Punkt gesucht und mit Ersetzen durch ein Komma ersetzt. Mit „Alle ersetzen" wird dieses Verfahren auf alle markierten Zellen angewendet. Nun meldet Excel einen Hinweis. Klickt man auf diesen Hinweis, so besteht die Möglichkeit „In eine Zahl umwandeln" zu nutzen. Das Hochkomma verschwindet und alle Daten sind nun als Zahl in Excel nutzbar, z. B. zum Erstellen des Wischerfeldes. Dazu werden die markierten Daten mit Einfügen/Diagramm zu einem Diagramm verarbeitet. Ein Punktdiagramm mit interpolierten Linien liefert ein Diagramm, das einen Eindruck vom Wischerfeld vermittelt.

Auf diese Art und Weise können auch Koppelkurven mit Excel erzeugt werden. Dazu wird im Programm mit den Werten für β und rp gespielt. Z. B. ergibt β=0° und rp=0mm die Kreisbahn des ersten Gliedes und β=0° mit rp= Länge des zweiten Gliedes ergibt die Kreisbahn des dritten Gliedes. Andere Einstellungen liefern die Koppelkurve zum gewählten Koppelpunkt.

Sonstiges

Wissenswert ist sicherlich das es zu Ch eine „Yahoo Ch User Group“ gibt.
Näheres unter https://groups.yahoo.com/neo/groups/ch_language/info

Anlage 1

Übersetzung

Engineering with Computers (200) 21: 237-246
DOI 10.1007/s00366-005-0008-4

Originalartikel

Harry H. Cheng Dung T. Trang

Übersetzung: Stefan Beck

Objektorientierte interaktive Getriebekonstruktion und Analyse
Eingereicht: 17. September 2004 / Akzeptiert: 03. Februar 2005 / Erschienen online: 15. Dezember 2005 /
Übersetzt: 25. Mai 2007

Abstrakt: Wir haben ein Ch Mechnism Toolkit für die Analyse und Konstruktion von Getrieben entwickelt. Das Toolkit wurde entwickelt für Ch, ein eingebetteter C/C++ Interpreter mit hochentwickelten Erweiterungen. Das Toolkit besteht aus dem Animationsprogramm QuickAnimation™ und einer Sammlung von Klassen zur Konstruktion und Analyse von allgemein benutzten Getrieben. Das CH Mechanism Toolkit erlaubt Benutzern das Schreiben einfacher Programme zum lösen komplizierter ebener Getriebeprobleme. Das Toolkit kann Koppelgetriebe handhaben vom einfachen Viergelenk bis zu verschiedenen Sechsgelenken. Das Ch Mechanism Toolkit kann ebenso benutzt werden um Nockenfolgesysteme zu konstruieren. Es ist ein effektives Werkzeug für die Praxis, sowie für das Unterrichten und zum erlernen der Getriebekonstruktion und Analyse. Dieser Artikel beschreibt den Aufbau und die Implementierung von Ch Mechanism Toolkit und seine Anwendungen.

Keywords Mechanism Fourbar linkage · Ch · C/C++ interpreter

1 Einleitung

Rechnerunterstützte Methoden zur Analyse und Konstruktion von mechanischen Systemen sind in zunehmendem Maße in der Praxis populär geworden. Verfahren, die in der Vergangenheit oft langwierig waren, können nun durch die Unterstützung von Computern einfach durchgeführt werden. Zum Beispiel Softwarepakete für den universellen Einsatz wie Pro/ENIGEER, Automated Dynamic Analysis and Design system (ADAMS), Dynamic Analysis and Desing System (DADS) und Working Model [1] wurden entwickelt zum lösen komplizierter konstruktiver und analytischer Probleme. Andere Softwarepakete beinhalten Linkage Interactive Computer Analysis and Graphical Enhanced Synthesis Package (LINCAGES) [2, 3], Watt by Heron [4] und Simulation and Analysis of Mechanism (SAM) by Artas [5], die verfügbar sind zur Synthese und Analyse ebener Getriebe. Das Softwarepaket Synthetica [6] kann zur Synthese räumlicher Getriebe benutzt werden. Wie auch immer, der numerische Aspekt und Softwareimplementierung von Getriebeanalyse und Konstruktion kann nicht einfach durch die grafische Benutzeroberfläche genutzt werden. Die analytischen Sequenzen der Algorithmen sind nicht transparent für den Benutzer dieser menügesteuerten Softwarepakete. Darüber hinaus sind sie nicht geeignet für die Lehre und zum lernen der

Getriebekonstruktion. Als Ergänzung zum Grundwissen ist es sehr wichtig die computertechnischen Aspekte dieses Fachgebietes zu verstehen. Dies können Softwarepakete nicht. Diese Softwarepakete können keine fertigen numerischen Algorithmen wie die Optimierung eines Systems enthalten. Auf der anderen Seite sind universelle mathematische und dynamische Simulationspakete, wie Autolev [7] basierend auf Kane's dynamische Formeln, nicht einfach für schnelle Konstruktion und Analyse von Getrieben geeignet. Dennoch ist der von Autolev generierte C-Code ohne jede Veränderung in Ch lauffähig [8].Wir haben ein Ch Mechanism Toolkit zur Konstruktion und Analyse von Getrieben entwickelt. Das Toolkit ist im C/C++ Interpreter Ch entwickelt [10-12]. Ch, angepasst an den internationalen C Standard mit Erweiterungen beinhaltet alle auffallenden Eigenschaften von MATLAB zur Numerischen- und Scriptverarbeitung. Ein Ch Control System Toolkit ist erhältlich zur Konstruktion und Analyse von Kontrollsystemen [13, 14]. Das Ch Mechanism Toolkit [9] unterscheidet sich erheblich von anderen Softwarepaketen. Das Toolkit ist modular und beinhaltet viele Objekte als Bausteine. Diese kleinen Bausteine sind einfach zu entwickeln und zu behalten. Die Benutzer sind in der Lage den vorhandenen Quelltext zu untersuchen und es werden Beispiele zum Toolkit zur Verfügung gestellt. Das Ch Mechanism Toolkit [9] wurde benutzt zum unterrichten des nichtgraduierten Kurs Computer-Aided Mechanism Design an der Universität von Kalifornien, Davis [15]. Das Toolkit bietet Studenten die Gelegenheit die Algorithmen und Softwareimplementierung zu studieren und zu verstehen. Darüber hinaus sind die Studenten in der Lage Beispiele zu untersuchen und dementsprechend zu modifizieren um ihre eigenen Konstruktions- und Analyseprobleme zu lösen. Durch diesen Lernen-am-Beispiel-Prozess können Studenten besser die Prinzipien und numerischen Aspekte des Fachgebietes verstehen. Ergänzend dazu können Studenten die hochqualifizierten Bausteine des Toolkits nutzen um eigene Softwareprogramme zur Lösung ihrer konstruktiven und analytischen Probleme zu entwickeln. Zum Beispiel ein Paket zum konstruieren und analysieren eines Withworth Schnell zurück Getriebes (Whitworth quick return mechanism) wurde von Studenten als Projekt für eine Klasse entwickelt [16, 17]. Das Ch Mechanism Toolkit ist open architecture. Basierend auf diesem Toolkit wurde ein webbasiertes Konstruktions- und Analysemodul entwickelt. Der Benutzer kann Getriebe interaktiv durch einen Webbrowser ohne Programmierung konstruieren und analysieren [18, 19]. Es sind ebenso open-source Programme für die kinematische Synthese [20] basierend auf dem Ch Mechanism Toolkit verfügbar. Das Ch Mechanism Toolkit kann auch in CAD-System wie Pro/ENGINEER, ADAMS und DADS durch benutzten des jeweiligen C Application Programming Interface (API) und Embedded Ch [21] integriert werden. Dieser Artikel beschreibt die Konstruktion und Implementierung des Ch Mechanism Toolkit anhand seiner verschiedenen Eigenschaften (Features). Die Bequemlichkeit und Einfachheit des Toolkits werden anhand von Beispielanwendungen dargestellt. Genauso wie die Module für die anderen Getriebe, ist die Software zur Konstruktion und Analyse von Viergelenkgetrieben open-source. Die Präsentation dieses Artikels legt den Focus primär auf Viergelenkgetriebe. Wie auch immer, die Ideen und Konzepte sind auf andere Mechanismen ebenso anwendbar.

2 Eigenschaften von Ch Mechanism Toolkit

Das Ch Mechanism Toolkit ist ein nützliches Werkzeug zur Konstruktion und Analyse ebener Getriebe. Die Eigenschaften des Toolkits machen es bequem für die Praxis, Unterricht und Selbststudium. Dieser Abschnitt beschreibt kurz ein paar Eigenschaften des Ch Mechanism Toolkit.

2.1 Analyse verschiedener Gestänge

Das Ch Mechanism Toolkit ist in der Lage viele verschiedene ebene Getriebe zu Händeln. Eine Analyse kann an einfachen Mechanismen wie dem Viergelenk, aber auch an komplexen Mechanismen wie dem Sechsgelenkgetriebe durchgeführt werden. Das Toolkit unterstützt die Analyse von

Viergelenk, Kurbelschwinge (crank-slider), übersetzende Fünfgelenkgetriebe (geared-fivebar), Stephenson I & III und Watt I & II Gestängen. Darüber hinaus kann das Ch Mechanism Toolkit zur Konstruktion von Nockenfolge-Systemen für beide Ebenen und Rollenfolgern benutzt werden.

2.2 Grafische Ausgabe

Das Ch Mechanism Toolkit unterstützt grafische Ausgabe in der Form von Plots und Animationen. Das Toolkit kann Getriebeanalyseergebnisse grafisch ausgeben durch die Nutzung der Ch Plotklasse **CPlot**. Die Klasse **CPlot** erlaubt das erstellen von hochqualifizierten zwei- und dreidimensionalen Plots. Der Benutzer kann die Plots vielfältig durch die plotting Klasse anpassen. Möglich sind z. B. das Einstellen von Plottitel und Achsenbeschriftung durch den Aufruf von Memberfunktionen der Klasse **CPlot**. Über das darstellen auf dem Bildschirm hinaus ist es möglich die Plots in Dateien mit verschiedenen Formaten wie Postscript, PNG und GIF zu speichern.

Der Nutzer ist mit dem Ch Mechanism Toolkit ebenso in der Lage die Bewegung der verschiedenen Gestänge und Nockentrieben zu simulieren. Jede Mechanismen-Klasse beinhaltet eine **animation()** Funktion zum durchführen dieser Aufgabe. Diese Memberfunktion verwendet das QuickAnimation™ Softwaremodul zur Generierung der gewünschten Animation. Bild 1 zeigt die in QuickAnimation™ möglichen Grundelemente. Diese Grundelemente werden benutzt zur Erzeugung der mechanischen Grundelemente in Bild 2, die benutzt werden für die Getriebeanimation. Die Memberfunktion **animation()** verwendet diese Grundelemente zum zeichnen des Gestänges für jeden Frame der Animation. Ähnlich zum Plottingfeature des Toolkits, können die Animationsdaten in einer Datei mit der Erweiterung *.qnm gespeichert werden. Mit diesen Daten kann das QuickAnimation™ Softwaremodul zu einem späteren Zeitpunkt eine Animation erstellen.

4 Programmstruktur

Bild 4 zeigt den generellen Aufbau von Programmen wie sie das Ch Mechanism Toolkit verwendet. Die Programmstruktur ist ziemlich einfach und direkt. Der erste Schritt beim Schreiben eines Programms ist das Einfügen aller relevanten Headerdateien. Zum Beispiel ist der Headerfile **fourbar.h** in jedem Programm enthalten was für die Analyse von Viergelenkgetrieben geschrieben ist. Der nächste Schritt ist das Deklarieren aller notwendigen Variablen, inklusive Variablen für Parameter und Ergebnisse. In der variablen Deklaration sollte ein Objekt der gewünschten Klasse realisiert sein. In Bild 4 ist ein Objekt der Klasse **CFourbar** als fourbar benannt. Wenn das getan ist, können Memberfunktionen zur Spezifizierung und Analyse des Viergelenkes aufgerufen werden. Zum korrekten durchführen der Analyse sollten alle notwendigen Setup-Funktionen vor der Analyse-Funktion aufgerufen werden. Andernfalls können die Ergebnisse der Analyse inkorrekt sein. Es werden Beispielwerte zum spezifizieren eines Viergelenkgetriebes zur Berechnung benutzt wenn der Benutzer keine Werte angibt.

5 Beispielanwendungen von Ch Mechanism Toolkit verwenden

In diesem Abschnitt werden anhand von drei Beispielen die Eigenschaften und Anwendungen von Ch Mechanism Toolkit dargestellt.

5.1 Beispiel 1

Problemaussage: Die Gestängelänge von einem Viergelenk in Bild 3 ist wie folgt angegeben: r1=12cm, r2=4cm, r3=12cm und r4=7cm. Der Phasenwinkel für die Grundstange ist θ1=10°. Der Koppelpunkt ist definiert durch die Strecke rp=5cm und konstantem Winkel β=20°. Festzustellen ist die Winkelposition θ3 und θ4 genauso wie die Position des Koppelpunktes wen der Eingangswinkel θ2=70° ist. Plotte die Koppelkurve für den Koppelpunkt P wenn Stange 2 von θ2min bis θ2max gedreht wird. Stelle die aktuelle Konfiguration des Viergelenks dar.

Das obere Problem wurde gelöst mit Ch Mechanism Toolkit. Unter Nutzung der Programmstruktur aus Bild 4 als Ausgangssituation, Programm 1 ist eine Lösung zum gegebenen Problem. Nachdem ein Objekt der Klasse **CFourbar** realisiert und die notwendigen Variablen deklariert wurden, wurden die Memberfunktionen **setLinks()** und **setCouplerPoint()** aufgerufen um das Viergelenk mit den gegebenen Parametern zu definieren. Die gewünschten Ergebnisse werden dann durch die Funktionen **angularPos(), couplerPointPos(), plotCouplerCurve()** und **displayPosition()** beschafft. Bild 5 und Bild 6 von Programm 1 sind die Konfiguration bzw. Koppelkurve für die erste Stellung des Viergelenkes. Bild 7 und Bild 8 von Programm 1 sind die Konfiguration bzw. Koppelkurve für die zweite Stellung des Viergelenkes. Die numerischen Ergebnisse von Programm 1 sind unten angegeben (Programm 1 oben)

5.2 Beispiel 2

Problemaussage: Die Gestängelänge von einem Viergelenk in Bild 3 ist wie folgt angegeben: r1=12cm, r2=4cm, r3=12cm und r4=7cm. Der Phasenwinkel für die Grundstange ist θ1=10°. Die konstante Winkelgeschwindigkeit für die Eingangsstange ist ω2=5rad/sec. Plotte die Winkelposition, Geschwindigkeit und Beschleunigung von Stange 3 und 4 in Bezug auf die Zeit für die erste Stellung.

Durch benutzen der Plottingeigenschaften von Ch Mechanism Toolkit wurde dieses Problem in Programm 2 gelöst. Nachdem Stange r1 bis r4 und Phasenwinkel θ1 gesetzt wurden, Memberfunktion **setAngularVel()** wurde aufgerufen um die konstante Winkelgeschwindigkeit ω2 zu spezifizieren. Zum Anzeigen der Datenpunkte auf dem Plot, Memberfunktion **setNumPoints()** wird benötigt. Memberfunktion **plotAngularPoss()**, **plotAngularVels()** und **plotAngularAccels()** werden dann benutzt um die gewünschten Ergebnisse zu generieren. Winkelposition-, Geschwindigkeits- und Beschleunigungsplot für Stange 3 und 4 sind in Bild 9, 10 und 11 dargestellt. Diese Plots erlauben dem Benutzer das bessere Verständnis wie die Koppel- und Ausgangswerte in Zusammenhang mit der Zeit und einer konstanten Winkelgeschwindigkeit als Eingangswert stehen.

Eine weitere Memberfunktion, **plotForceTorques()**, kann zum plotten der individuellen gemeinsamen Kräfte und Ausgabe Drehkräfte des Viergelenk benutzt werden. Diese Funktion ist ähnlich der Winkelpositions-, Geschwindigkeits- und Beschleunigungsplotfunktion. Wie auch immer, es werden zusätzliche Parameter wie Maße und Schwungkrafteigenschaften von jedem Stab benötigt.

5.3 Beispiel 3

Problemaussage: Simuliere die Bewegung des Viergelenkgetriebes aus Beispiel 1 für seine gesamte Strecke der Bewegung. Ähnlich dem ersten Beispiel, ist dieses Problem schnell gelöst mit dem Ch Mechanism Toolkit. Programm 3 wird benutzt zum erstellen einer Animation des Viergelenk. Man beachte das Programm 3 ähnlich ist wie Programm 1. Ein Unterschied ist, dass Programm 3 die Memberfunktion **animation()** anstatt **angularPos()**, **couplerPointPos()** und **displayPostion()** aufruft für die gewünschte Ausgabe. Ein weiterer Unterschied ist, dass weitere Argument in der Memberfunktion **setCouplerPoint()**. Dieses dritte Argument, TRACE_ON, ist ein Makro was benutzt wird zur Verfolgung des Koppelpunktes. Merke das die Memberfunktion **animation()** nur ein einzelnes Integer Argument enthält. Diese Nummer verweist auf die Stellung des Viergelenk. Abhängig von seinem Typ kann ein Viergelenkgetriebe bis zu vier Stellungen haben. Seit das Viergelenk durch die Aufgabenstellung als Grashof Kurbelschwinge (crank-rocker) definiert ist, hat es nur zwei Stellungen. Bild 12 zeigt einen Frame der Animation für die erste Stellung des

Viergelenkmechanismus, während Bild 13 ein Überlagern aller Frames der Animation ist. Ebenso Bild 14 ist ein Frame der Animation der zweiten Stellung und Bild 15 zeigt alle Frames der Animation zusammen.

6 Zusammenfassung

Ein objektbasiertes Mechanismen Toolkit wurde entwickelt. Das Toolkit besteht aus dem Animationsprogramm QuickAnimation™ und einer Sammlung von Klassen zur Konstruktion und Analyse allgemeinen und planaren Mechanismen. Geschrieben in Ch, einem C/C++ Interpreter, das Ch Mechanism Toolkit ist hilfreich beim lösen praktischer technischer Probleme beim Konstruieren und Analysieren von Mechanismen. Es kann die Winkelposition, Geschwindigkeit und Beschleunigung der verschiedenen Koppelgetriebe wie das Viergelenk, Schwingkurbel (slidercrank), geared-fivebar mechanismen, sixbar linkages und Nockenfolge-Systeme berechnen. Darüber hinaus die grafischen Eigenschaften wie das hochqualifizierte plotten und animieren erhöhen die Anwendbarkeit des Toolkit für die technische Praxis, unterrichten und erlernen von Getriebekonstruktion und Analyse. Der objektbasierte Aufbau macht das Ch Mechanism Toolkit einfach zu erweitern und wartungsfreundlich. Ein webbasiertes Getriebekonstruktions- und Analysesystem wurde entwickelt. Die Ideen und Konzepte präsentiert mit dem Ch Mechanism Toolkit können dazu betragen viele andere Getriebekonstruktions- und Analyseprobleme zu lösen.

References

1. Working Model User's Guide (1989) Knowledge revolution
2. Erdman AG, Gustafson JE (1981)
Lincages: linkage interactive computer analysis and graphically enhanced synthesis package. ASME Paper, no. 77-DET-5
3. Erdman AG, Riley DR (1981) Computer-aided linkage design using the lincages package. ASME Paper, no. 81-DET-121
4. WATT 1.6 User's Guide (2002) Heron technologies. [Online]. Available at http://www.heron-technologies.com
5. SAM 5.0 User's Guide (2003) Artas—engineering software. [Online]. Available at http://www.artas.nl
6. Perez A, Su HJ, McCarthy M (2004) Synthetica 2.0: software for the synthesis of constrained serial chains. In: Proceedings of the ASME design engineering technical conferences, no. DETC2004/57524, Salt Lake City, September 2004
7. Autolev. Online Dynamics, Inc. [Online]. Available at http://www.autolev.com
8. Using Ch with Autolev to solve dynamics equations. [Online]. Available at http://iel.ucdavis.edu/projects/autolev
9. Ch Mechanism Toolkit, Softintegration, Inc. [Online]. Available at http://www.softintegration.com/products/toolkit/mechanism/
10. Cheng HH (1993) Scientific computing in the Ch programminglanguage. Sci Program 2(3):49–75
11. — (2006) Ch: a C/C++ interpreter for script computing. C/C++ User's J 24(1):6–12
12. Ch—an Embeddable C/C++ Interpreter. [Online]. Available at http://www.softintegration.com
13. Zhu Y, Chen B, Cheng HH (2003) An object-based software package for interactive control system design and analysis. ASME Trans J Comput Inf Sci Eng 3(4):366–371
14. Yu Q, Chen B, Cheng HH (2004) Web-based control system design and analysis. IEEE Control Syst Mag 24(3):45–57
15. Cheng HH (1994) Pedagogically effective programming environment for teaching mechanism design. Comput Appl Eng Educ 2(1):23–39
16. Cheng HH, Campbell M (2005) Effective teaching of computer integrated mechanism analysis and design. In: Proceedings of the ASME 29th mechanism and robotics conference, no. DETC2005-85565, Long Beach, California, September 2005
17. Design and Analysis of Whitworth Quick Return Mechanism. [Online]. Available at http://iel.ucdavis.edu/projects/mechanism/quickreturn
18. Cheng HH, Trang DT (2004) Web-based mechanism design and analysis. In: Proceedings of the ASME 28th mechanism and robotics conference, no. DETC2004-57594, Salt Lake City, Utah, September 2004
19. Web-Based Mechanism Design and Analysis, Softintegration, Inc. [Online]. Available at http://softintegration.com/webservices/mechanism/
20. Pennestri E. Kinematic Synthesis of Mechanisms. [Online]. Available at http://www.ingegneriameccanica.org/mechanisms.htm
21. Embedded Ch, Softintegration, Inc. [Online]. Available at http://www.softintegration.com/products/sdk/embedded_ch/

Anlage 2

Übersetzung Kapitel 7

Quick Animation

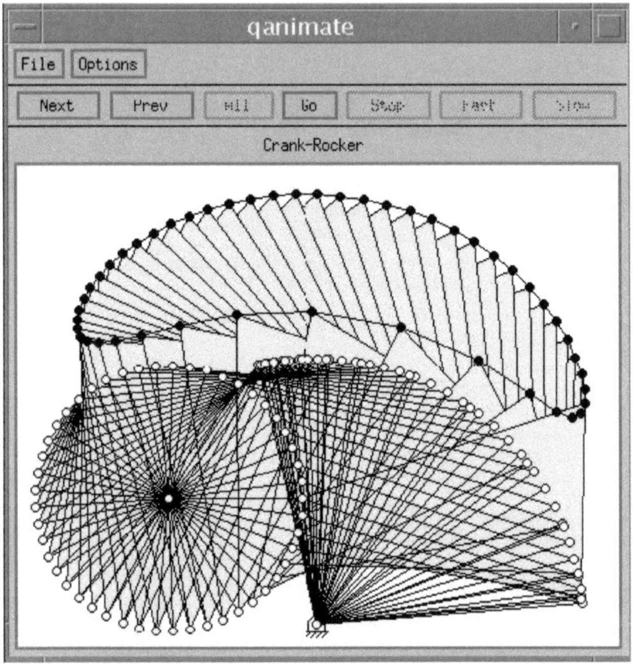

Bild 7.1: Quick Animation Fenster zeigt ein Viergelenk-Getriebe

Alle Animationen von Ch Mechanism Toolkit werden von Quick Animation™ dargestellt. Quick Animation™ kann die verschiedenen ebenen Koppelgetriebe basierend auf x-y Koordinaten darstellen und animieren.

Das Beispiel in Bild 7.1 zeigt ein Quick Animation™ Fenster mit Menüleiste und ein Viergelenkgetriebe.

Der Mechanismus ist in den größten Bereich des Fensters mit dem Namen des Mechanismus darüber gezeichnet. Die Glieder (links) sind als Linien gezeichnet, Gelenke (joints) sind als offene Kreise gezeichnet und Koppelpunkte (coupler points) sind als gefüllte Kreise gezeichnet. Die dreieckige Fläche stellt eine feste Verbindung dar, der ein Koppelpunkt zugeordnet ist. Die Koppelkurve (coupler curve) ist gezeichnet, um die Bewegung des Koppelpunktes nachvollziehen zu können. Die Details über die Benutzung des Quick Animation™ Programms von qanimate zur Animation ebener Koppelgetriebe wird in diesem Kapitel beschrieben.

7.1 Eingabe Datenformat

Das typische Format für eine Quick Animation Datei ist Bild 7.2 dargestellt. Es ist gekennzeichnet mit den folgenden typographischen Notationen:

- `Schreibmaschine Text` spezifiziert aktuelles Schlüsselwort. (Schrifttyp Courier)
- *`Kursiv`* Text wird durch den Nutzer festgelegt. (Schrifttyp Courier kursiv)
- Text zwischen eckigen Klammern ' [ ] ' ist optional.
- Das Linienzeichnen ' | ' bedeutet "Oder".

Das Zeichen '#' in der ersten Zeile kennzeichnet einen Kommentar. Quick Animation ignoriert alles in dieser Zeile nach dem '#' Zeichen. Der Titel des mechanischen Systems ist angegeben durch das Schlüsselwort `title` gefolgt durch die Titelzeichenkette in Gänsefüßchen, '"'. Das Schlüsselwort `fixture` erlaubt der nächsten Zeile zu definieren wie das mechanische System festgelegt wird `primitives` sind die Kommandos, die die mechanischen Komponenten des animierten Systems definieren. `animate` kennzeichnet den Beginn für die Eingabe von Daten zur Animation.

Jede Zeile nach dem Schlüsselwort `animate` repräsentiert eine Position des mechanischen. Optional kann mit dem Schlüsselwort stopped die Darstellung der Animation festgelegt werden, wenn sie an dieser Stelle angehalten wird.

```
# comment
title "title string"
fixture
primitives
animate [ restart | reverse ]
primitives1 [ stopped primitives1 ]
primitives1 [ stopped primitives1 ]

.
.
primitivesn [ stopped primitivesn ]
```

Bild 7.2: Quick Animation Datenformat

7.1.1 Grundelemente (General Drawing Primitives)

Grundelemente (primitives) werden in Quick Animation zur einfacheren Darstellung typischer Komponenten, z. B. Federn und Gelenke, von mechanischen Systemen verwendet. Bild 7.3 zeigt die verschiedenen Grundelemente, die für Quick Animation verfügbar sind. Diese Grundelemente erlauben das Zeichnen von einem Bogen, Linie, Segment, Kreis, Polygon und Rechtecken, genauso wie das Einbinden von Text in ein Quick Animation Programm. Die Syntax zur Darstellung der Grundelemente aus Bild 7.3 ist in Bild 7.4 abgebildet. Hier ein Beispiel für die Syntax um eine Linie zu zeichnen. Ein Weg ist das Schlüsselwort `line` gefolgt von x- und y-Koordinaten von Start- und Endpunkt der Linie (`line 0 0 2 3`) Zeichnet eine Linie vom Ursprung zum Punkt (2,3) in einem kartesischen Koordinatensystem. Mehrere Linien können miteinander verbunden werden, indem mehrere Koordinaten hinter dem Schlüsselwort `line` angefügt werden.

Ähnlich wird ein Kreis durch Angabe des Mittelpunktes und dem Radius nach der Syntax in Bild 7.4 gezeichnet. Die verschiedenen möglichen Optionen für jedes Grundelement sind in Bild 7.5 dargestellt. Beispiele für Farben- und Schriftoptionen sind in Bild 7.6 aufgelistet.

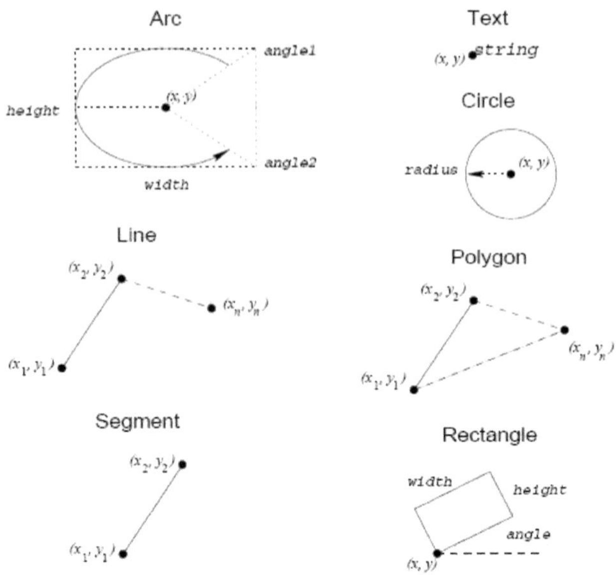

Bild 7.3: Graphische Darstellung von Grundelementen

```
line x1 y1 x2 y2 [ . . . xn yn ]
arc x y width height angle1 angle2
segment x1 y1 x2 y2
rectangle x y width height [ angle angle ]
polygon x1 y1 x2 y2 x3 y3 . . . xn yn
text x y string
circle x y radius
dot x y
```

Bild 7.4: Syntax für Grundelemente

```
Line
segment...
[ pen color ]
[ linewidth pixelwidth ]
[ linestyle    solid |
                        dashed [ length pixellength ] |
                                dotted [ gap pixelgap ] ]
                [ capstyle butt | round | projecting ]
                [ joinstyle miter | round | bevel ]
                [ depth depth ]
arc
circle
polygon
rectangle       ...
                [ pen color ]
                [ fill color [ intensity percent ]
                [ pattern number ] ]
                [ linewidth pixelwidth ]
                [ linestyle solid |
                dashed [ length pixellength ] |
                dotted [ gap pixelgap ] ]
```

```
               [ capstyle butt | round | projecting ]
               [ joinstyle miter | round | bevel ]
               [ depth depth ]
Text           ...
               [ pen color ]
               [ depth depth ]
               [ font fontname ]
Dot            ...
               [ pen color ]
               [ depth depth ]
```

Bild 7.5: Optionen für Grundelemente

```
... color {red | blue | yellow | white | black | grey90 ... }
... font {fixed | 6x13 | 6x13bold | lucidasanstypewriter-12 ...
}
```

Bild 7.6: Beispiele für Farb- und Schriftoptionen

Anmerkungen zu diesen Optionen:

- Farben sind durch das X Window System festgelegt. Eine Liste der Farbnamen ist zu finden in der Datei rgb.txt im Verzeichnis /usr/X11R6/lib/X11 in Linux und /usr/openwin/lib in Solaris.
- Schriften sind durch das X Window System festgelegt.

7.1.2 Mechanische Grundelemente (Mechanical Drawing Primitives)

Die in Quick Animation verfügbaren mechanischen Grundelemente sind abgeleitet von den Grundelementen. Ein Glied (link) zum Beispiel ist eine Kombination von zwei Kreisen verbunden mit einer Linie. Alle verfügbaren mechanischen Grundelemente zeigt Bild 7.7. Diese Grundelemente sind das elementare Werkzeug zum erstellen von Animationen mechanischer Systeme.

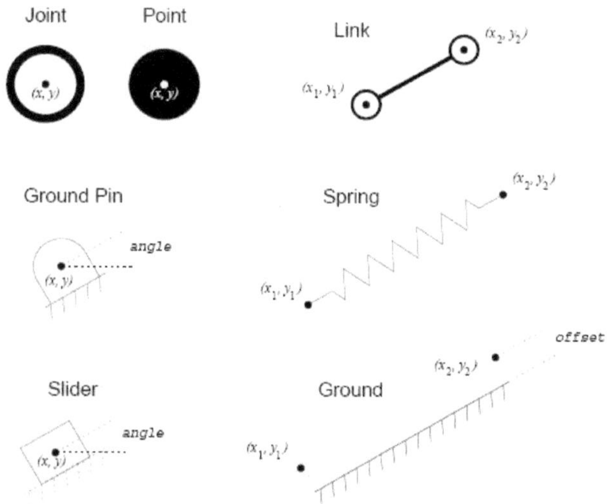

Bild 7.7: Graphische Darstellung von mechanischen Grundelementen

Punkt (point) und Gelenk (joint)

Das Grundelement Punkt (`point`) basiert auf einem gefüllten Kreis. Er wird gewöhnlich zur besonderen Darstellung eines Punktes in einem mechanischen System benutzt. Die allgemeine Syntax für einen Punkt ist

`point` $x_1 y_1$ `[`$x_2 y_2$ `...` $x_n y_n$`]` `[trace]`,

x1y1...xnyn geben die Koordinaten der Drehpunkte an, trace ist ein optionaler Parameter. Er gibt an, ob der/die Punkt(e) während der Animation zur besseren Verfolgung dargestellt werden soll. Zum Beispiel werden folgende Kommandos zum erstellen eines Punktes mit der Koordinate (1,3) mit Ablaufverfolgung (trace) benötigt:

```
point 1 3 trace.
```

Grundelement Gelenk (`joint`) ist sehr ähnlich zum Punkt. Es ist syntaktisch das Gleiche wie beim Punkt, aber besteht aus einem Kreis, der nicht gefüllt ist. Das Gelenk stellt eine Verbindung zwischen zwei Gliedern oder anderen mechanischen Komponenten dar.

Glieder

Wie bereits erwähnt, ist das Glied (`link`) eine mechanische Komponente, gebildet aus zwei Kreisen und einer Linie. Dieses Grundelement wird normalerweise zur Erstellung einer Animation eines Koppelgetriebes benutzt, wie z. B. das Viergelenk. Die Syntax für ein Glied sieht wie folgt aus:

`link` $x_1 y_1 x_2 y_2$ `[...` $x_n y_n$`]`

Die Koordinaten der Endpunkte des ersten Gliedes werden angegeben mit (x_1,y_1) und (x_2,y_2). Weitere Glieder werden an dem vorhergehenden Glied durch Angabe der Koordinaten des nächsten Endpunktes angehangen. Ein typisches Beispiel für das erstellen von zwei Gliedern mit gemeinsamen Endpunkt ist

```
link 1 1  1 4  4 4
```

In diesem Beispiel sind die Endpunkte des ersten Gliedes bei Koordinaten (1,1) und (1,4). Das zweite Glied ist dann angehangen an das erste Glied mit (1,4) und seinem anderen Endpunkt bei (4,4). Zu beachten ist, dass die extra Leerzeichen zwischen den Koordinaten der Endpunkte während der Ausführung des Quick Animation Programms ignoriert werden. Sie dienen nur der Abgrenzung der Endpunkte im Beispiel.

Grund

Der Grund (`ground`) stellt eine Bezugsebene der Animation dar. Er ist stationär und fixiert an seiner Position. Die Syntax für den Grund lautet:

`Ground` $x_1 y_1 x_2 y_2$ `[offset` *pixeloffset*`]`
`[ticks` *forward* | *backward*`]`

Die Option `offset`, *pixeloffset* gibt die Distanz an, die der Grund von der x und y-Koordinate haben soll. Zusätzlich, wenn die `ticks` Option benutzt wird und der Wert ist "forward", dann reicht der Grund von (x_1,y_1) bis (x_2,y_2). Das Gegenteil ist der Fall, wenn der Wert von ticks "backward" ist. Der

Standardwert für die Option `ticks` ist "forward". *(Anmerkung: ticks sind die „Beinchen" vom Grund. Die können auch andersherum ausgeführt werden)* Das Beispiel

```
ground 0 0 10 0 offset 2
```

zeichnet einen Grund von x=0 nach x=10 und zwei Einheiten darunter die Linie, y=0.

Festlager

Um eine direkte Verbindung eines mechanischen Systems zum Grund zu haben, wird für die gewünschte Verbindung das Festlager (ground) benutzt. Die Syntax für dieses Grundelement ist

`groundpin` *x y* `[angle` *angle*`]`

Die Koordinaten (x, y) sind der Mittelpunkt des Festlagers und das optionale Argument `angle` *angle* beschreibt den Winkel in Radiant, relativ zur Horizontalen. Zum Erstellen eines Festlagers im Ursprung und einem Winkel von 45° sieht die Syntax wie folgt aus:

```
groundpin 0 0 angle 3.14159/4
```

$$\alpha = 45° = 45° * \frac{\pi}{180°} = \frac{\pi}{4} = \frac{\pi}{4} rad = 0{,}785398163 \text{rad}$$

(Anmerkung: Angabe muss in Grad nicht in Rad erfolgen!)

Schubgelenk (Slider)

Das Schubgelenk ist abgeleitet vom Rechteck. Es stellt einen Gleitstein im mechanischen System dar, der nur translatorisch seine Position verändern kann. Ähnlich wie bei dem Festlager, kann man beim Schubgelenk einen Winkel angeben, der es dem Gleitstein erlaubt auf einer schrägen Fläche seine Translation zu vollziehen. Seine Syntax ist wie folgt festgelegt:

`slider` *x y* `[angle` *angle*`]`

Beispiel sei eine Kurbelschwinge, die es erfordert dass der Gleitstein auf einer schrägen Fläche gleitet,

Lage bei (3,4) die 30° zur Horizontalen steigt. Der Schubgelenkbereich des Mechanismus kann mit dem folgenden Ausdruck erstellt werden:

```
slider 3 4 angle 3.14159/6
```

(Anmerkung: Angabe muss in Grad nicht in Rad erfolgen!)

Feder (Spring)

Die Feder ist eine typische Komponente vieler mechanischer Systeme. Die Verfügbarkeit einer Feder als Grundelement in Quick Animation erhöht stark die Anzahl der mechanischen Systeme, die modelliert und animiert werden können. Ihre Syntax wird angeben als:

`spring` $x_1\ y_1\ x_2\ y_2$

Die Koordinaten (x_1,y_1) und (x_2,y_2) beschreiben die Endpunkte der Feder. Zum Erstellen einer Feder von (1,1) nach (3,5), sollte Folgendes in die Quick Animation Datei eingetragen sein:

```
spring 1 1 3 5
```

7.2 Quick Animation Beispiele

Die Daten in Bild 7.8 zeigen wie einfache und mechanische Grundelemente in einer Quick Animation Datei angegeben sind. Bild 7.9 zeigt die Darstellung, wenn die Datei ausgeführt wird. Der in Bild 7.10 gezeigte Code kann zur Animation eines Viergelenk genutzt werden, ähnlich dem Viergelenk aus Bild 7.11. Es sollte beachtet werden, dass die erste Zeile der Animationsdatei mit #**qanimate** beginnen muss.

Als Nächstes wird der Titel (title) der Animation festgelegt und die Fixierungspunkte (fixtures) sind als Festlager (ground pins) an den Punkten (A_x,A_y) und (D_x,D_y) festgelegt. Zeile `animate restart` wird zur Festlegung des Beginns der Eingabe für die Animation genutzt. Jede Zeile die mit (`line ...`) anfängt und nach (`polygon ...`) endet, repräsentiert einen Schnappschuss oder eine Position der Viergelenkanimation. Die Glieder sind mit dem Schlüsselwort `link` gezeichnet. Jedes Koordinatenpaar repräsentiert ein Gelenk des Mechanismus. In jeder Zeile sind die Koordinatenpaare so angeordnet, dass zwei benachbarte Gelenke ein Glied bilden. Der Pfad des Koppelpunkte, festgelegt als Punkt P in Bild 7.11, wird mit einer Punktspur (`point trace`) dargestellt. Das Schlüsselwort `polygon` wurde zur Darstellung der Koppelbefestigung benutzt. Die gewünschte Anzahl von Frames legt die Anzahl der Datensätze fest, die in die Quick Animation Datei eingegeben werden müssen. Daraus resultiert das für *n*-Frames *n*-Datensätze benötigt werden.

```
# this is a comment
title "This is a Title"

fixture
#no fixture

animate

# low level primitives:

line 0 0 1 1.5 2 2 pen red \
    line 3 3 4 4
line 5 5 12 5 linestyle dashed length 2 pen green linewidth 1
line 5 6 12 6 linestyle dashed length 5 pen green linewidth 1
line 5 7 12 7 linestyle dotted gap 1 pen red linewidth 2
line 5 8 12 8 linestyle dotted gap 5 pen red linewidth 2
arc 11 11 4 4 0 270 fill grey90 linewidth 5
arc 12 12 10 11 0 90 13 13 5 5 0 360 linewidth 2 pen blue
segment 14 14 15 15 16 16 17 17 pen red
#color of text cannot be changed in Windows for now
text 18 5 string1 pen rgb:ffff/ffff/0
text 18 7 "This is a string2" pen red
text 18 9 "This is a string3" \
    font -*-lucidatypewriter-medium-*-*-*-12-*-*-*-*-*-*-*
circle 22 16 2 \
    stopped line 14 17 17 20 text 17.2 20 "center of circle"
rectangle 15 18 1 1 pen red fill grey
rectangle 17 20 2 1 angle 30

# higher linkage primitives
joint 18 18
point 19 19
link 20 20 21 21
groundpin 22 22 25 25 angle 30
link 22 22 25 25
polygon 4 10 5 10 6 13 3.5 14 fill green
spring 10 1 15 1
```

```
ground 17 1.0 19 2.0
# The traced trajectory shown on the upper left
point 0 20 trace
point 3 23 trace
point 6 25 trace
point 10 20 trace
```

Bild 7.8: Beispieldatei `sample.qnm`.

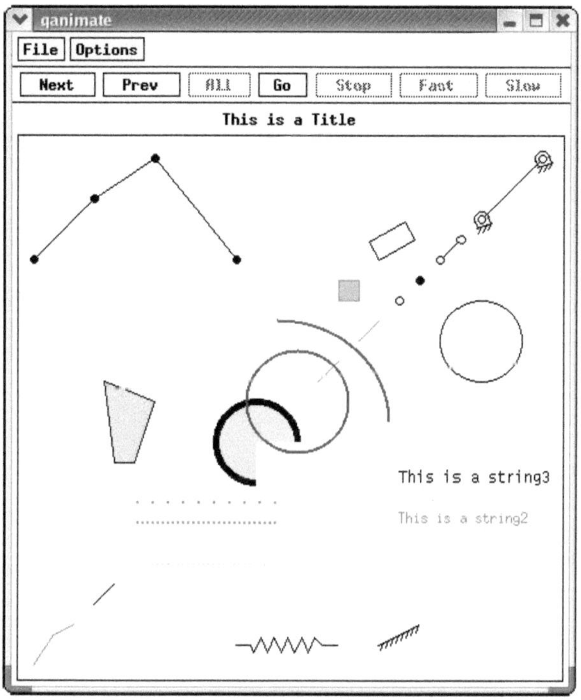

Bild 7.9: Die Quick Animation Darstellung basierend auf Beispiel `sample.qnm`.

#qanimate animation file
title "*Crank-Rocker*"

fixture
groundpin A_x A_y D_x D_y

animate restart

link A_x^1 A_y^1 B_x^1 B_y^1 C_x^1 C_y^1 D_x^1 D_y^1 \
point trace P_x^1 P_y^1 \
polygon fill grey B_x^1 B_y^1 C_x^1 C_y^1 P_x^1 P_y^1

link A_x^2 A_y^2 B_x^2 B_y^2 C_x^2 C_y^2 D_x^2 D_y^2 \
point trace P_x^2 P_y^2 \
polygon fill grey B_x^2 B_y^2 C_x^2 C_y^2 P_x^2 P_y^2

.
.
.

link A_x^n A_y^n B_x^n B_y^n C_x^n C_y^n D_x^n D_y^n \
point trace P_x^n P_y^n \
polygon fill grey B_x^n B_y^n C_x^n C_y^n P_x^n P_y^n

Bild 7.10: Eingabedatenformat für ein Viergelenkgetriebe mit einzelnem Koppelpunkt

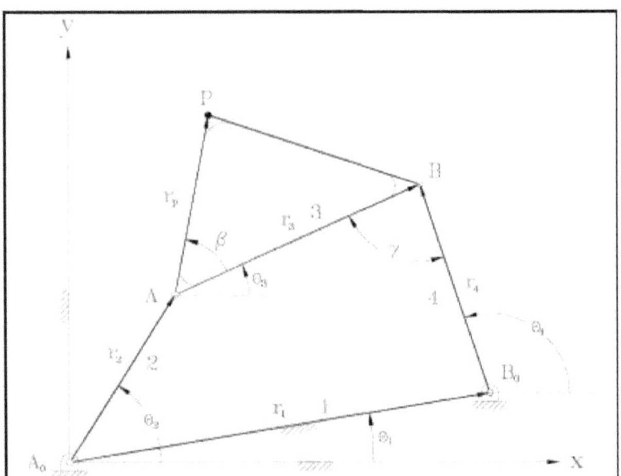

Bild 7.11: Allgemeines Viergelenkgetriebe

Bevor wir uns ein komplettes Ch Programm zum erstellen einer Quick Animation Datei anschauen, schauen wir uns das Listing von Bild 7.12 an. Zuerst werden die Variablen für die Viergelenk Parameter deklariert und initialisiert. Dann werden **printf()** Befehle zum schreiben des typischen Kopf einer Animationsdatei benutzt. Zu beachten ist, dass die Glieder und der Koppelpunktvektor als komplexe Variablen R und P, wovon R als Feld vom Typ complex, angegeben sind. Die Positionen der Glieder und des Koppelpunktes werden berechnet von der **complexsolve()** Funktion und Vectoranalysis. Die anschließenden Aufrufe der Funktion **printf()** komplettieren das Schreiben der Animationsdatei. Der daraus resultierende Animationscode des in Bild 7.12 gezeigten Programms, kann von der Quick Animation Applikation benutzt werden um einen einzelnen Frame einer Animation zu generieren, die in Bild 7.13 abgebildet ist.

```
/* Filename: simple_ani.ch */
#include <stdio.h>
#include <math.h>
#include <complex.h>
#define deg2rad(a) ((a)*M_PI/180.0)          // macros
#define rad2deg(a) ((a)*180.0/M_PI)

int main() {
    double theta1 = deg2rad(20.0), // given data
           r1 = 5.5,
           r2 = 1.5,
           r3 = 4.5,
           r4 = 5,
           rp = 3,
           beta = deg2rad(25.0);
    int n1 = 2, n2 = 4;
    double theta2,theta3,theta4, theta3_2, theta4_2;
    double complex z;
    double complex R[1:3]; // link vectors
    double complex P; // coupler vector

    R[1] = polar(r1,theta1);

    /* The first line of the animation file must start with #qanimate */
    printf("#qanimate animation data\n");
    /* The title displayed on the animation */
    printf("title Crank-Rocker\n");
    printf("fixture\n");
    /* The primitives following fixture */
    printf("groundpin 0 0 %g %g\n", real(R[1]), imag(R[1]));
    /* For crank-rocker, crank-crank, use animate restart.
    For rocker-rocker, rocker-crank, use animate reverse */
    printf("animate restart\n");

    theta2 = deg2rad(10.0);
    z = polar(r1,theta1) - polar(r2,theta2);
    complexsolve(n1,n2,r3,-r4,z,theta3, theta4, theta3_2, theta4_2);
    R[2] = polar(r2,theta2);
    R[3] = R[2] + polar(r3,theta3);
    P = R[2] + polar(rp,theta3+beta);

    /* output coordinates for animation */
    printf("link 0 0 %f %f %f %f %f %f \\\n",
            real(R[2]), imag(R[2]),
            real(R[3]), imag(R[3]),
            real(R[1]), imag(R[1]) );
    printf("point trace %f %f \\\n", real(P), imag(P));
    printf("polygon fill grey90 %f %f %f %f %f %f \\\n",
            real(R[2]), imag(R[2]),
            real(R[3]), imag(R[3]),
            real(P), imag(P));
    printf("\n");
}
```

Bild 7.12: Programm `simple_ani.ch`.

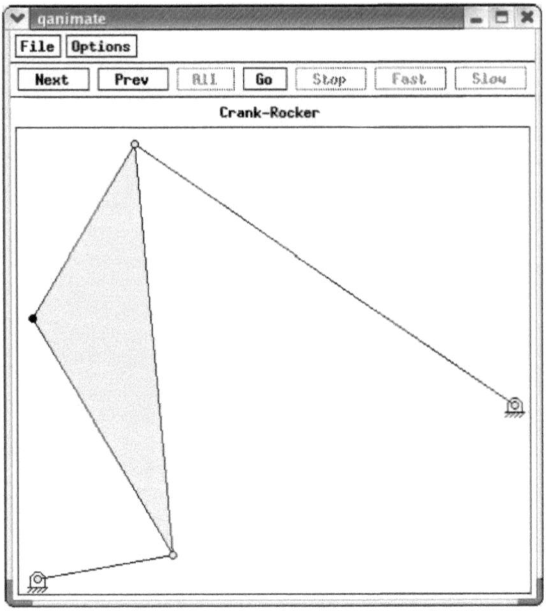

Bild 7.13: Einzelner Animationsframe eines Viergelenkgetriebes

Bild 7.14 zeigt ein Beispiel das CH Code zum erstellen einer Quick Animation Datei benutzt. Die Animation kann durch die folgenden CH Kommandos erstellt werden:

```
animate1.ch | qanimate
```

oder

```
animate1.ch > tmp1.qnm
qanimate tmp1.qnm
```

Das Ergebnis von `animate.ch` ist in Bild 7.15 gezeigt. Die Datensätze zum erstellen der Viergelenkanimation sind typischerweise mit einer for-Schleife in Ch Code erstellt. Bild 7.16 zeigt einen Schnappschuss der Quick Animation Animation erstellt mit der Animationsdatei.

```
/************************************************************************
 * animate1.ch
 *
 * Purpose:
 * - fourbar linkage analysis
 * - output animation coordinate data
 * Run this program in CH as follows:
 * in Unix:
 * animate1.ch | qanimate
 * or
 * animate1.ch > tmp1.qnm
 * qanimate tmp1.qnm
 * in Windows:
```

```
 * animate1.ch | qanimate
 * or
 * animate1.ch > tmp1.qnm
 * qanimate tmp1.qnm
 * or
 * animate1.ch > tmp1.qnm
 * tmp1.qnm
 ***********************************************************************/
#include <stdio.h>
#include <math.h>
#include <complex.h>
#define deg2rad(a) ((a)*M_PI/180.0)          // macros
#define rad2deg(a) ((a)*180.0/M_PI)

int main() {
    double theta1 = deg2rad(20.0),           // given data
           r1 = 5.5,
           r2 = 1.5,
           r3 = 4.5,
           r4 = 5,
           rp = 3,
           beta = deg2rad(25.0);
    int n1 = 2, n2 = 4;
    double theta2,theta3,theta4, theta3_2, theta4_2;
    double complex z;
    double complex R[1:3]; // link vectors
    double complex P; // coupler vector

    R[1] = polar(r1,theta1);

    /* The first line of the animation file must start with #qanimate */
    printf("#qanimate animation data\n");
    /* The title displayed on the animation */
    printf("title Crank-Rocker\n");
    printf("fixture\n");
    /* The primitives following fixture */
    printf("groundpin 0 0 %g %g\n", real(R[1]), imag(R[1]));
    /* For crank-rocker, crank-crank, use animate restart.
    For rocker-rocker, rocker-crank, use animate reverse */
    printf("animate restart\n");

    for (theta2=0.0; theta2<=deg2rad(360.0); theta2+=deg2rad(10.0)) {
    z = polar(r1,theta1) - polar(r2,theta2);
    complexsolve(n1,n2,r3,-r4,z,theta3, theta4, theta3_2, theta4_2);
    R[2] = polar(r2,theta2);
    R[3] = R[2] + polar(r3,theta3);
    P = R[2] + polar(rp,theta3+beta);

    /* output coordinates for animation */
    printf("link 0 0 %f %f %f %f %f %f \\\n",
            real(R[2]), imag(R[2]),
            real(R[3]), imag(R[3]),
            real(R[1]), imag(R[1]) );
    printf("point trace %f %f \\\n", real(P), imag(P));
    printf("polygon fill grey90 %f %f %f %f %f %f \\\n",
            real(R[2]), imag(R[2]),
            real(R[3]), imag(R[3]),
            real(P), imag(P));
    printf("\n");
}
```

Bild 7.14: Programm animate1.ch

```
#qanimate animation data
title Crank-Rocker
fixture
groundpin 0 0 5.16831 1.88111
animate restart
link 0 0 1.500000 0.000000 0.883211 4.457530 5.168309 1.881111 \
point trace -0.128556 2.519485 \
polygon fill grey90 1.500000 0.000000 0.883211 4.457530 -0.128556 2.519485 \
link 0 0 1.477212 0.260472 1.067510 4.741783 5.168309 1.881111 \
point trace -0.032922 2.852672 \
polygon fill grey90 1.477212 0.260472 1.067510 4.741783 -0.032922 2.852672 \
.
.
.
link 0 0 1.477211 -0.260473 0.726293 4.176431 5.168309 1.881111 \
point trace -0.226575 2.208759 \
polygon fill grey90 1.477211 -0.260473 0.726293 4.176431 -0.226575 2.208759 \
link 0 0 1.500000 -0.000001 0.883210 4.457529 5.168309 1.881111 \
point trace -0.128557 2.519484 \
polygon fill grey90 1.500000 -0.000001 0.883210 4.457529 -0.128557 2.519484 \
```

Bild 7.15: Beispiel für Daten generiert durch Programm `animate1.ch`.

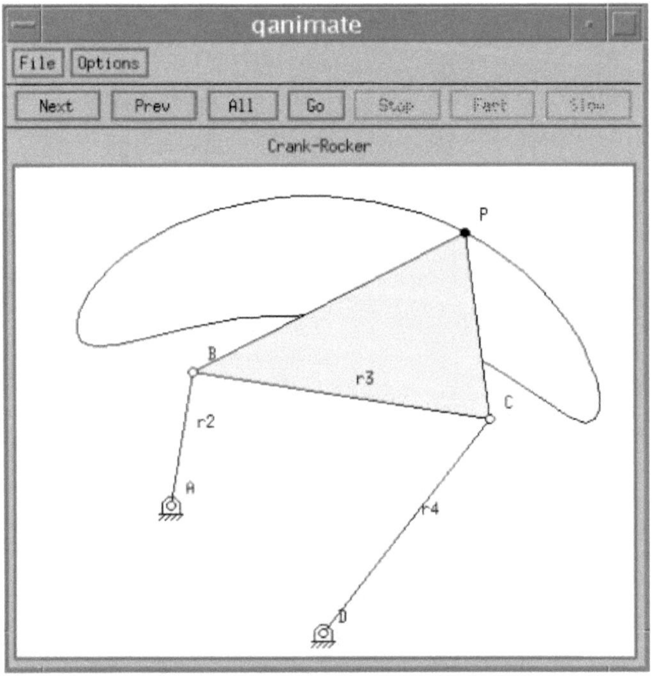

Bild 7.16: Quick Animation Fenster zeigt ein Viergelenkgetriebe

Zwei weitere Beispiele zum erstellen von Quick Animation Dateien werden unten gezeigt. Sie erzeugen dieselbe Viergelenkanimation wie das Programm `animate1.ch`, aber mit einem speziellen Handling der Animationsdaten. Programm `animate2.ch` gibt die Animationsdaten in zwei Dateien aus, `animate1.qnm` und `animate2.qnm`, eine Datei für jede kinematische Stellung des

Viergelenks. Diese Animationsdateien werden dann vom Programm qanimate verarbeitet. Programm `animate3.ch` erzeugt ebenso zwei Dateien, aber diese Dateien werden direkt zu Quick Animation geleitet zum automatischen generieren der Viergelenkanimation. Es sind keine extra Kommandos für das dritte Beispiel zum einbinden der Animation notwendig. Das Ausführen des Programms erzeugt die gewünschte Animation. Wie auch Immer, Programm `animate3.ch` läuft nur unter Unix/Linux. Es läuft nicht unter Windows mit der aktuellen Version von Ch.

Listing von Programm `animate2.ch`

```
/***********************************************************************
 * animate2.ch
 * Purpose:
 * - fourbar linkage analysis
 * - output animation coordinate data to two data files and run animation
 * Run this program in Ch as follows:
 * animate2.ch
 ***********************************************************************/
#include <stdio.h>
#include <math.h>
#include <complex.h>
#define deg2rad(a) ((a)*M_PI/180.0)          // macros
#define rad2deg(a) ((a)*180.0/M_PI)

int main() {
    double theta1 = deg2rad(20.0), // given data
           r1 = 5.5,
           r2 = 1.5,
           r3 = 4.5,
           r4 = 5,
           rp = 3,
           beta = deg2rad(25.0);
    int i, n1 = 2, n2 = 4;
    double theta2,theta3,theta4,theta3_2,theta4_2;
    double complex z;
    double complex R[1:3]; // link vectors
    double complex P; // coupler vector
    FILE *out[2];

    R[1] = polar(r1,theta1);
    out[0] = fopen("animate1.qnm","w"); // open animate1.qnm
    if (!out[0]) {
        perror("fopen()");
        exit(1);
    }

    out[1] = fopen("animate2.qnm","w"); // open animate2.qnm
    if (!out[1]) {
        perror("fopen()");
        exit(1);
    }

    for (i=0; i<2; i++) {
        /* The first line of the animation file must start with #qanimate */
        fprintf(out[i],"#qanimate animation data\n");
        /* The title displayed on the animation */
        fprintf(out[i],"title Crank-Rocker\n");
        fprintf(out[i],"fixture\n");
        /* The primitives following fixture */
        fprintf(out[i],"groundpin 0 0 %g %g\n", real(R[1]), imag(R[1]));
        /* For crank-rocker, crank-crank, use animate restart.
        For rocker-rocker, rocker-crank, use animate reverse */
        fprintf(out[i],"animate restart\n");
    }
```

```
    for (theta2=0.0; theta2<=deg2rad(360.0); theta2+=deg2rad(10.0)) {
        R[2] = polar(r2,theta2);

        z = polar(r1,theta1) - polar(r2,theta2);
        complexsolve(n1,n2,r3,-r4,z,theta3,theta4, theta3_2, theta4_2);

       /* first solution */
       R[3] = R[2] + polar(r3,theta3);
       P = R[2] + polar(rp,theta3+beta);

       /* output coordinates for animation */
       fprintf(out[0],"link 0 0 %f %f %f %f %f %f \\\n",
               real(R[2]), imag(R[2]),
               real(R[3]), imag(R[3]),
               real(R[1]), imag(R[1]) );
       fprintf(out[0],"point trace %f %f \\\n", real(P), imag(P));
       fprintf(out[0],"polygon fill grey90 %f %f %f %f %f %f \\\n",
               real(R[2]), imag(R[2]),
               real(R[3]), imag(R[3]),
               real(P), imag(P));
       fprintf(out[0],"\n");

       /* second solution */
       R[3] = R[2] + polar(r3,theta3_2);
       P = R[2] + polar(rp,theta3_2+beta);

       /* output coordinates for animation */
       fprintf(out[1],"link 0 0 %f %f %f %f %f %f \\\n",
               real(R[2]), imag(R[2]),
               real(R[3]), imag(R[3]),
               real(R[1]), imag(R[1]) );
       fprintf(out[1],"point trace %f %f \\\n", real(P), imag(P));
       fprintf(out[1],"polygon fill grey90 %f %f %f %f %f %f \\\n",
               real(R[2]), imag(R[2]),
               real(R[3]), imag(R[3]),
               real(P), imag(P));
       fprintf(out[1],"\n");
    }
    fclose(out[0]);
    fclose(out[1]);
    qanimate animate1.qnm
    remove("animate1.qnm"); // remove the data file
    qanimate animate2.qnm
    remove("animate2.qnm"); // remove the data file
}
```

Listing von Programm `animate3.ch`

```
/***********************************************************************
 * animate3.ch
 *
 * Purpose:
 * - fourbar linkage analysis
 * - output animation coordinate data to two pipes
 * Run this program in Ch as follows:
 * animate3.ch
 ***********************************************************************/
#include <stdio.h>
#include <math.h>
#include <complex.h>
#define deg2rad(a) ((a)*M_PI/180.0)          // macros
#define rad2deg(a) ((a)*180.0/M_PI)

int main() {
```

```
double theta1 = deg2rad(20.0),          // given data
       r1 = 5.5,
       r2 = 1.5,
       r3 = 4.5,
       r4 = 5,
       rp = 3,
       beta = deg2rad(25.0);
int i, n1 = 2, n2 = 4;
double theta2,theta3,theta4,theta3_2,theta4_2;
double complex z;
double complex R[1:3]; // link vectors
double complex P; // coupler vector
FILE *out[2];

R[1] = polar(r1,theta1);
out[0] = popen("qanimate","w"); // open qanimate pipe
if (!out[0]) {
    perror("popen()");
    exit(1);
}

out[1] = popen("qanimate","w");
if (!out[1]) {
     perror("popen()");
     exit(1);
}

for (i=0; i<2; i++) {
    /* The first line of the animation file must start with #qanimate */
    fprintf(out[i],"#qanimate animation data\n");
    /* The title displayed on the animation */
    fprintf(out[i],"title Crank-Rocker\n");
    fprintf(out[i],"fixture\n");
    /* The primitives following fixture */
    fprintf(out[i],"groundpin 0 0 %f %f\n", real(R[1]), imag(R[1]));
    /* For crank-rocker, crank-crank, use animate restart.
    For rocker-rocker, rocker-crank, use animate reverse */
    fprintf(out[i],"animate restart\n");
}

for (theta2=0.0; theta2<=deg2rad(360.0); theta2+=deg2rad(10.0)) {
    R[2] = polar(r2,theta2);
    z = polar(r1,theta1) - polar(r2,theta2);
    complexsolve(n1,n2,r3,-r4,z,theta3,theta4, theta3_2, theta4_2);

    /* first solution */
    R[3] = R[2] + polar(r3,theta3);
    P = R[2] + polar(rp,theta3+beta);

    /* output coordinates for animation */
    fprintf(out[0],"link 0 0 %f %f %f %f %f %f \\\n",
            real(R[2]), imag(R[2]),
            real(R[3]), imag(R[3]),
            real(R[1]), imag(R[1]) );
    fprintf(out[0],"point trace %f %f \\\n", real(P), imag(P));
    fprintf(out[0],"polygon fill grey90 %f %f %f %f %f %f \\\n",
            real(R[2]), imag(R[2]),
            real(R[3]), imag(R[3]),
            real(P), imag(P));
    fprintf(out[0],"\n");

    /* second solution */
    R[3] = R[2] + polar(r3,theta3_2);
    P = R[2] + polar(rp,theta3_2+beta);

    /* output coordinates for animation */
    fprintf(out[1],"link 0 0 %f %f %f %f %f %f \\\n",
```

```
            real(R[2]), imag(R[2]),
            real(R[3]), imag(R[3]),
            real(R[1]), imag(R[1]) );
    fprintf(out[1],"point trace %f %f \\\n", real(P), imag(P));
    fprintf(out[1],"polygon fill grey90 %f %f %f %f %f %f \\\n",
            real(R[2]), imag(R[2]),
            real(R[3]), imag(R[3]),
            real(P), imag(P));
    fprintf(out[1],"\n");
  }
  pclose(out[0]);
  pclose(out[1]);
}
```